AI筑梦系列

文心一言

实战精粹

李伟民 编著

人民邮电出版社

北京

图书在版编目（CIP）数据

文心一言实战精粹 / 李伟民编著. -- 北京 ：人民
邮电出版社，2025. -- (AI 筑梦系列). -- ISBN 978-7
-115-66676-5

Ⅰ. TP18

中国国家版本馆 CIP 数据核字第 2025D9F943 号

内 容 提 要

　　本书采用实战教学的方式，系统介绍百度研发的大语言模型"文心一言"及其手机端
应用程序"文小言"的知识和高效应用技巧。

　　全书共 6 章：第 1 章为快速入门，引领读者了解文心一言的基本功能与操作；第 2 章
为职场提效，展示文心一言在职场中的广泛应用；第 3 章聚焦学习跃升，介绍如何利用文
心一言助力知识获取与学术论文写作；第 4 章为生活助手，讲解文心一言在旅行规划、美
食探索等日常生活方面的便捷应用；第 5 章探索创意设计，阐述文心一言和百度 AI 图片助
手的图片生成与编辑功能；第 6 章为智能助手，专门介绍文小言的特色功能与应用，如个
性化设置、特色对话方式及其功能等。

　　本书适合学生、职场人士及对人工智能（Artificial Intelligence，AI）技术感兴趣的读
者学习和阅读，既可作为个人提升效率与技能的学习资料，也可作为相关培训课程的参考
教材。

◆ 编　　著　李伟民
　　责任编辑　李永涛
　　责任印制　王　郁　胡　南
◆ 人民邮电出版社出版发行　　北京市丰台区成寿寺路 11 号
　　邮编　100164　　电子邮件　315@ptpress.com.cn
　　网址　https://www.ptpress.com.cn
　　涿州市般润文化传播有限公司印刷
◆ 开本：700×1000　1/16
　　印张：10.75　　　　　　　　　2025 年 7 月第 1 版
　　字数：187 千字　　　　　　　　2025 年 7 月河北第 1 次印刷

定价：69.90 元

读者服务热线：(010)81055410　印装质量热线：(010)81055316
反盗版热线：(010)81055315

在当今的数字化时代，AI技术正以前所未有的速度改变着我们的工作和生活方式。从日常琐事到重要决策，AI的应用无处不在，极大地提高了人们的工作效率和生活质量。文心一言作为百度研发的知识增强大语言模型，凭借其强大的自然语言处理能力和深度学习的技术底蕴，正逐步成为广大用户不可或缺的创意伙伴与提效工具。本书旨在引导读者充分利用文心一言的强大功能，为自己的成长和发展助力，开启筑梦之旅。

本书特色

● 案例丰富，内容全面

本书不仅介绍文心一言的基本概念和操作方法，还提供大量的实战案例。从职场提效到创意设计，从学习跃升到生活助手，每一个应用场景都有详细的案例分析和操作步骤。通过这些实战案例，读者可以更好地理解和掌握文心一言的功能，提升实际应用能力。

● 提示词进阶，技巧实用

本书不仅涵盖基础操作，还提供丰富的提示词进阶技巧。无论是润色文本、生成图片，还是制定教学大纲、生成会议纪要，本书都提供详细的提示词示例和操作指南。这些技巧不仅实用，还能帮助读者在使用过程中不断提升效率和效果。

● 场景引入，应用广泛

本书通过引入具体的应用场景，使读者能够在实际工作中更好地应用文心一言，解决实际问题。无论是市场部的营销策划，还是教师的教学设计，或是家长的育儿指导，本书都提供相应的应用场景和操作指南，帮助读者在不同领域高效利用文心一言。

● 全彩印刷，图文并茂

本书采用全彩印刷，图文并茂，使内容更加生动、直观。通过丰富的图表、图片和示例，读者可以更轻松地理解和掌握文心一言的各项功能。同时，全彩印刷也提升了阅读体验，使学习过程更加愉悦。

读者对象

本书适合以下读者群体。

• 学生。无论是大学生还是研究生，都可以通过本书学习如何利用文心一言进行知识获取、学术论文撰写和个人成长规划，提升学习效率和学术水平。

• 职场人士。本书提供丰富的职场应用案例，帮助职场人士在文案创作、数据分析、会议管理和客户沟通中高效利用文心一言，提升工作效率和职业竞争力。

• 对AI技术感兴趣的读者。本书不仅适合学生、职场人士，也适合对AI技术感兴趣的普通读者，帮助他们了解和掌握文心一言的基本操作和高级应用。

注意

在使用文心一言的过程中，有一些注意事项需要读者了解。

• 本书提供的提示词在实际操作时，每个人生成的内容可能会有所不同。这是因为文心一言会根据用户的使用习惯和上下文环境，生成最符合当前需求的内容。这种差异属于正常现象，不会影响读者的学习和使用效果。

• 文心一言是一个不断升级和优化的AI模型，部分功能可能会随着版本的更新而有所变动。尽管如此，本书提供的思路和方法仍然具有广泛的适用性和参考价值，不会影响读者的学习和使用。建议读者在使用过程中保持灵活性，根据实际情况进行调整。

• 在使用文心一言的过程中，版权和隐私问题是不可忽视的重要环节。用户在输入内容时，应确保不侵犯他人的版权，避免使用受版权保护的文本、图片和视频。同时，用户应保护个人隐私，避免在与文心一言的交互中泄露敏感信息。

创作团队

本书由李伟民编著。在本书的编写过程中，编著者已竭尽所能地将更好的内容呈现给读者，但书中难免有疏漏之处，敬请广大读者批评、指正。读者在学习过程中有任何疑问或建议，可发送电子邮件至liyongtao@ptpress.com.cn。

李伟民

2025年4月

资源与支持

资源获取

本书提供如下资源。

- 本书思维导图。
- 异步社区7天VIP会员。
- 本书的视频教学文件。

要获得以上资源，您可以扫描下方二维码，根据指引领取。

提交勘误

作者和编辑尽最大努力来确保书中内容的准确性，但难免会存在疏漏。欢迎您将发现的问题反馈给我们，帮助我们提升图书的质量。

当您发现错误时，请登录异步社区（https://www.epubit.com），按书名搜索，进入本书页面，单击"发表勘误"，输入勘误信息，单击"提交勘误"按钮即可（见下图）。本书的作者和编辑会对您提交的勘误进行审核，确认并接受后，您将获赠异步社区的100积分。积分可用于在异步社区兑换优惠券、样书或奖品。

与我们联系

我们的联系邮箱是 liyongtao@ptpress.com.cn。

如果您对本书有任何疑问或建议，请您发邮件给我们，并请在邮件标题中注明本书书名，以便我们更高效地做出反馈。

如果您有兴趣出版图书、录制教学视频，或者参与图书翻译、技术审校等工作，可以发邮件给我们。

如果您所在的学校、培训机构或企业想批量购买本书或异步社区出版的其他图书，也可以发邮件给我们。

如果您在网上发现有针对异步社区出品图书的各种形式的盗版行为，包括对图书全部或部分内容的非授权传播，请您将怀疑有侵权行为的链接发邮件给我们。您的这一举动是对作者权益的保护，也是我们持续为您提供有价值的内容的动力之源。

关于异步社区和异步图书

"异步社区"（www.epubit.com）是由人民邮电出版社创办的IT专业图书社区，于2015年8月上线运营，致力于优质内容的出版和分享，为读者提供高品质的学习内容，为作译者提供专业的出版服务，实现作译者与读者在线交流互动，以及传统出版与数字出版的融合发展。

"异步图书"是异步社区策划出版的精品IT图书的品牌，依托于人民邮电出版社在计算机图书领域40多年的发展与积淀。异步图书面向IT行业以及各行业使用IT的用户。

目录

3 第3章
学习跃升：文心一言知识赋能站

4 第4章
生活助手：文心一言日常小秘书

5 第5章
创意设计：图片的生成和编辑

6 第6章
智能助手：文小言手机专属AI助手

第1章 快速入门：解锁文心一言的无限可能

本章旨在为读者全面揭开文心一言的神秘面纱，引领读者深入探索其强大的功能与潜力。通过系统学习本章内容，读者能够熟练掌握文心一言的基本操作，理解其背后的智能机制，进而在职场、创作、生活中游刃有余地运用它，开启高效、便捷的智能应用新篇章。

1.1 初识文心一言

作为智能对话领域的佼佼者，文心一言拥有强大的自然语言处理能力和深度学习的技术底蕴，在人们的工作和生活中得到了广泛应用。本节将带你初步认识文心一言，了解其操作界面以及快速注册和登录的操作方法。

1.1.1 什么是文心一言

文心一言是百度研发的大语言模型，能够与人对话和互动，协助人们进行创作，帮助人们高效、便捷地获取信息、知识和灵感。

文心一言采用对话的形式进行互动。只需输入一条提示词或者提出一个问题，文心一言就能立刻理解你的需求，并给出准确、有用的回答或建议。互动形式灵活多样，既可以是简单的文字对话，也可以根据需要生成复杂的文本、图片，能够帮助你轻松完成各类复杂任务。

目前，文心一言大语言模型包含文心 4.5 Turbo 和文心 X1 Turbo 两种，用户可以根据具体需求进行选择。下表是这两种模型的特点及其适用场景的详细说明。

模型名称	主要特点	场景应用
文心 4.5 Turbo	多模态内容理解和日常对话的平衡选择，快速响应和长文本处理能力强	解读图表、日常查询、音视频解读，需要快速响应（如实时对话、客服）；处理长文本（如阅读长文章、生成摘要）
文心 X1 Turbo	适合需要深度思考和工具辅助的任务	创作、复杂问题分析、工具调用（如代码执行、绘图）

例如，如果你正在阅读一篇长篇论文并希望迅速总结其核心观点，可以选择文心 4.5 Turbo，该模型擅长高速处理长文本并生成摘要；如果你需要撰写一篇关于 AI 伦理的严谨文章，可以选择文心 X1 Turbo，其强大的长思维链功能能够有效辅助构建文章框架。根据具体任务类型选择合适的模型，可以显著提高工作效率。

总之，文心一言作为一款功能强大、应用广泛的大语言模型，正以其独特的优势和价值，改变着我们的工作方式和生活习惯。

1.1.2　新搜索智能助手应用：文小言

文小言是文心一言的手机端应用程序，前身为文心一言App。文小言不仅继承了文心一言的所有核心功能，还针对移动端用户的使用习惯进行了优化和创新，集成了搜索、创作、聊天等多种AI能力，给用户带来了更加便捷、高效且个性化的体验。

文小言不仅支持传统的搜索功能，还具备富媒体搜索、多态输入（如语音、文字、图片等）、文本与图片创作、自由订阅等AI功能，能全面满足用户的搜、创、聊需求，完成问问题、陪聊天、写文章、画图片、写手抄报、听音乐、视频生成、下任务等多种特色功能。另外，文小言集成了DeepSeek-R1模型，让回答更精准、逻辑更清晰，帮用户轻松获取深层信息，解决问题更省心。

总之，文小言作为一款智能助手应用，凭借其丰富的功能、高拟真的数字人、个性化的服务以及强大的创作能力，深受用户喜爱。

在本书的第6章会详细介绍文小言的使用方法。

1.1.3　快速注册与登录

在使用文心一言之前，完成注册与登录是不可或缺的一步。本节将详细介绍注册与登录的具体步骤，让你轻松开启智能对话的旅程。

步骤 01 使用浏览器打开文心一言官方网站，单击右上角的【立即登录】按钮，如下图所示。

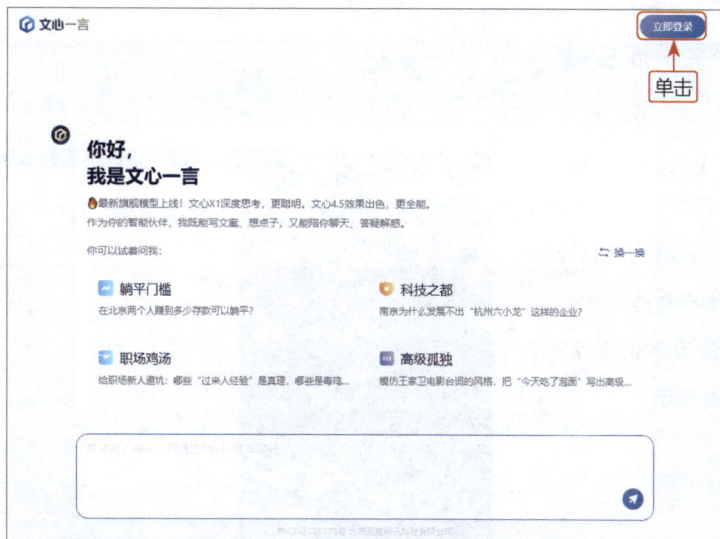

步骤02 弹出登录对话框，如右图所示。如果用户有百度账号，则可直接输入账号和密码进行登录，也可以选择使用百度App扫码登录；如果没有百度账号，则可单击【立即注册】按钮，如右图所示。

提示： 在登录对话框中，用户可以选择【短信登录】选项卡，输入手机号，并获取短信验证码即可直接登录，如下图所示。如果该手机号未注册过百度账号，则自动注册并登录。首次登录会自动分配一个用户昵称，用户后续可以根据需求再次设置用户名和登录密码。

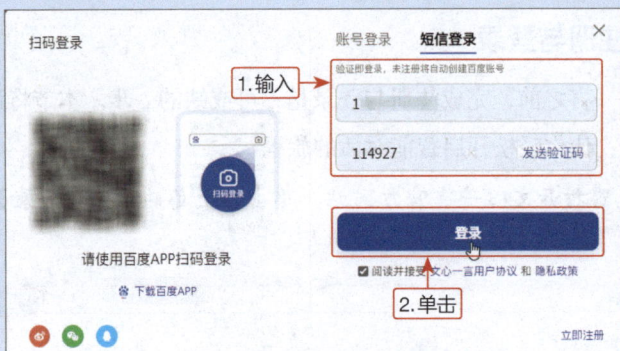

步骤03 进入【欢迎注册】页面，用户需要首先输入手机号、用户名、密码及获取的短信验证码，然后勾选下方的协议复选框，最后单击【注册】按钮，如右图所示。

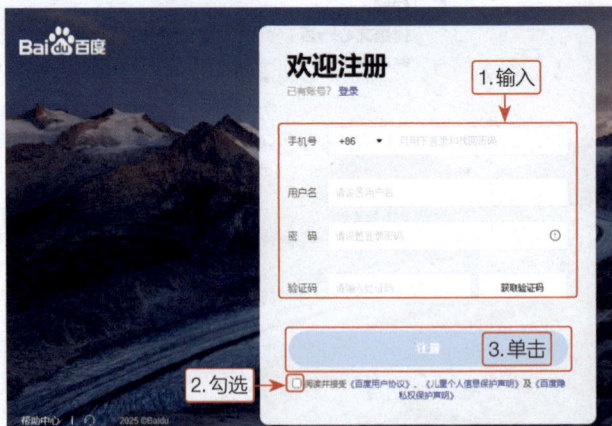

注册完成后即可进入文心一言操作界面，如下图所示。

1.1.4　熟悉操作界面

文心一言操作界面设计简洁、明了，功能布局一目了然，主要分为导航栏、对话框和输入框3部分，如下图所示。

1. 导航栏

导航栏包含文心一言的主要功能及设置，如新建对话、创意写作、阅读分析、智慧绘图、网页工坊、近期对话（包含网页版和文小言）、智能体广场及用户设置，用户可以通过单击右下角的 🔲 按钮，展开或收起导航栏。

2. 对话框

在对话框的左上角可以选择模型版本，单击下拉按钮 ✓，有两种模型可供选择，如下图所示。在未展开对话时，对话框用于展示推荐信息。如果用户正在与文心一言进行互动，此区域将显示用户的输入内容、文心一言的回复以及近期对话记录。

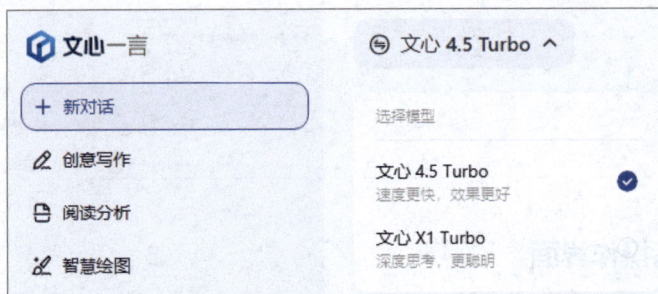

3. 输入框

输入框是用户与文心一言进行交互的窗口。用户不仅可以在其中输入文字，还可以粘贴链接，上传图片、文档等内容，以获取更丰富的信息或执行更复杂的任务。

1.1.5　文心一言的四大技能

文心一言集创意写作、阅读分析、智慧绘图和网页工坊四大技能于一身，为用户提供了全方位的内容创作与处理能力。其强大的自然语言理解和生成能力，助力用户在创作、学习与视觉表达领域实现效率与质量的双重提升。

1. 创意写作

文心一言的创意写作技能提供文章优化和体裁模板两大模块，如下页图所示。具有深度写作、润色、改写、扩写、仿写、心得体会及发言稿等众多模板，方便用户快速且准确地下达指令，高效解决写作难题。

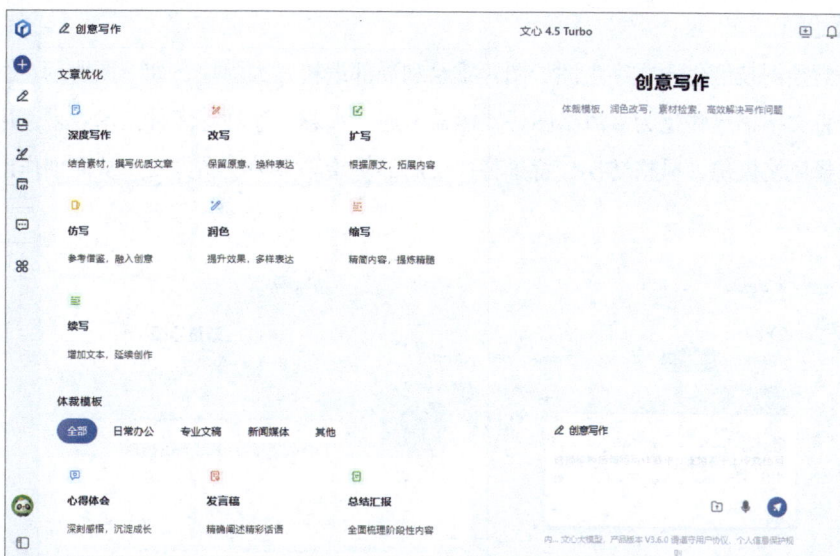

2. 阅读分析

　　阅读分析技能包含文档阅读和网页分析两大模块，如下图所示，可以帮助用户高效提取文档和网页的摘要，快速获取关键信息，并进行问题分析与数据整理。无论是在办公、研究还是创意写作等场景中，该技能均能发挥重要作用。无论是进行论文精读，还是开展市场数据分析，它都能显著提升用户的效率，简化阅读和分析流程，助力任务顺利完成。

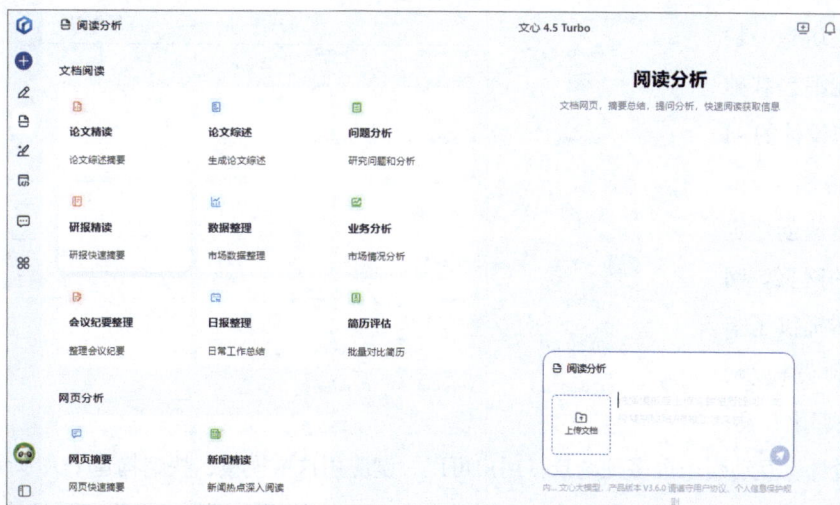

3. 智慧绘图

智慧绘图技能包含文字生图、图片重绘和局部编辑三大模块，如下图所示。智慧绘图支持将文字描述转化为多风格图像，涵盖卡通、水彩、油画等多种艺术效果，用户还可以选择风格模仿、风格转换、背景替换及局部重绘等多种绘图方式，从而创作出独具特色的绘画作品。

4. 网页工坊

文心一言的网页工坊是一款专为无编程基础的用户设计的 AI 网页构建工具，能够迅速创建定制化的网页。网页工坊提供了丰富的预设模板，包括实用工具、

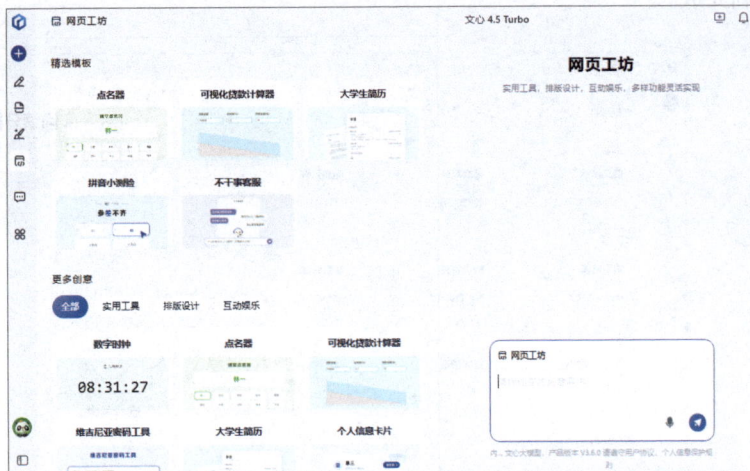

排版设计、互动娱乐等多种场景，用户可以一键应用这些模板，快速构建个人专属的网页。在创作过程中，用户能够实时预览网页效果，边编辑边调整，操作直观且效率高。

作品创作完成后，用户可以选择导出为HTML文件或生成分享链接，无论是制作可视化贷款计算器、业绩展示报告还是小游戏页面，均能便捷地将创意转化为现实。

1.2 基本对话操作

掌握基本对话操作，是高效利用文心一言的关键。在文心一言中，从发送提示词到接收回复，每个步骤都简单、易懂。

1.2.1 开始第一次对话

与文心一言的交流，像和人聊天一样，只需输入文字并发送，即可开启对话之旅。

步骤 01 用户选择一种模型，如选择"文心4.5 Turbo"模型，在输入框中输入需求，然后单击【发送】按钮，如右图所示。

提示： 在输入文字时，用户可以通过按【Shift+Enter】组合键进行换行输入。要上传文档或图片时，用户可以单击输入框下方的文件或图片按钮来实现，也可以直接将文档或图片拖曳至操作界面。此外，输入框中提供了【深度思考（X1 Turbo）】和【联网搜索】两个功能按钮，用户可根据实际需求选择是否开启相应模式。对于简单或明确的问题，例如基础计算或常识性问题，无须开启【深度思考（X1 Turbo）】模式，因为普通模式已能迅速提供准确答案。而开启【深度思考（X1 Turbo）】模式可能会导致响应时间延长（需要进行多步骤思考和推理），并且可能因模型过度推理而产生冗余信息甚至逻辑偏差。对于需要搜集最新信息或网络消息的情况，则应开启【联网搜索】模式。

步骤 02 文心一言即可根据提示内容，生成相应的回复，如下页图所示。如果对回复内容不满意，可以单击【重新生成】按钮，重新生成内容。

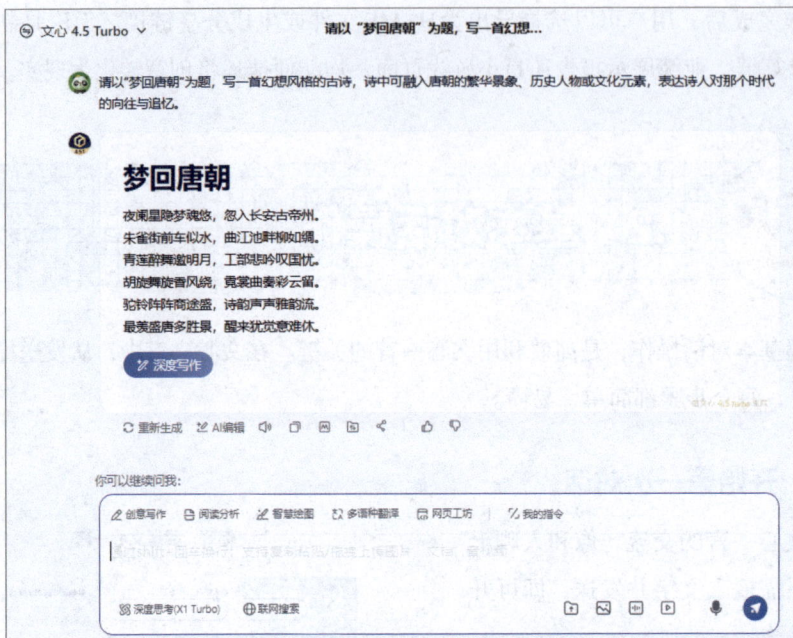

提示: 单击 🔊 按钮，可以语音朗读生成的内容；单击 ▢ 按钮，可以直接复制文本内容；单击 ▥ 按钮，可以将文本内容复制为 Markdown 格式；单击 ▦ 按钮，可以 Word 文档的形式保存到百度网盘或下载到计算机中；单击 ⟨⟩ 按钮，可以将对话内容以链接的形式进行分享；单击 👍 或 👎 按钮，可以对回答进行评价，有助于提高答案的准确性和质量。

步骤 03 如果需要修改发送的提示词，将鼠标指针移至提示词位置，单击右侧显示的 ✎ 按钮，如下图所示。

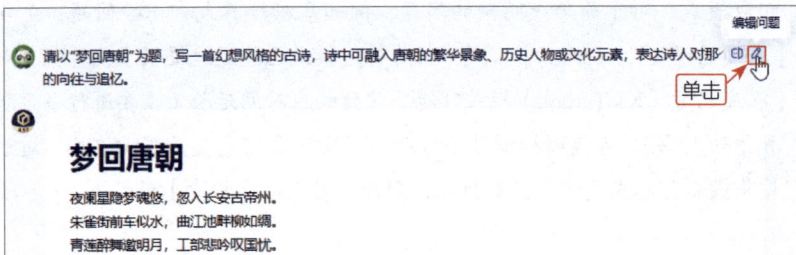

步骤 04 此时会显示编辑框，在其中修改提示词后，单击 ✓ 按钮确认，如下页图所示。

请以"梦回唐朝"为题，写一首幻想风格的五言绝句，诗中可融入唐朝的繁华景象、历史人物或文化元素，表达诗人对那个时代的向往与追忆。

可通过shift+回车换行　　　　　　　　　　　　　　单击 ⟶ ☑ ✕

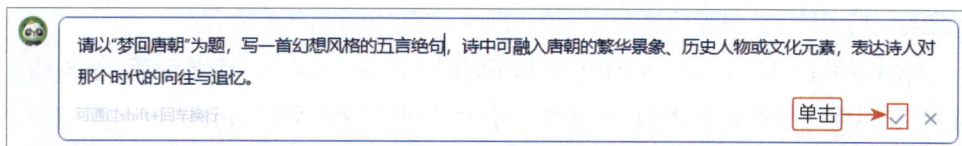

文心一言会根据新的提示词要求，重新生成内容，如下图所示。

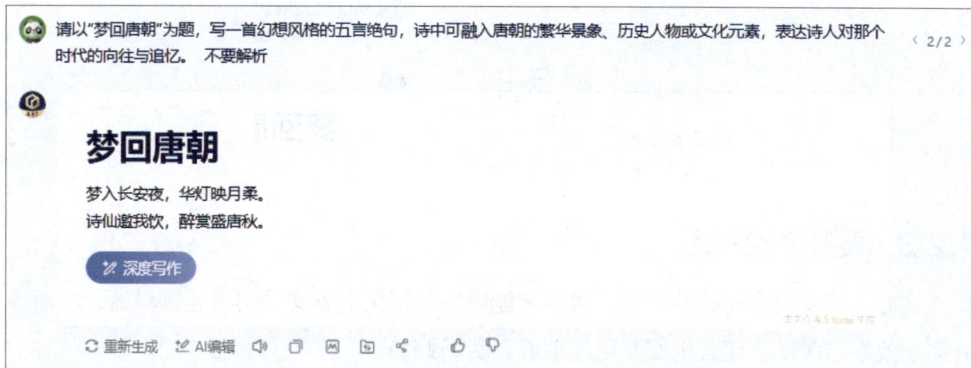

请以"梦回唐朝"为题，写一首幻想风格的五言绝句，诗中可融入唐朝的繁华景象、历史人物或那个时代的向往与追忆。　不要解析　　　　　　　　　　　　　　　　　　　　〈 2/2 〉

梦回唐朝

梦入长安夜，华灯映月柔。
诗仙邀我饮，醉赏盛唐秋。

✎ 深度写作

⟳ 重新生成　✎ AI编辑　◁ ⎘ ▢ ▣ ↗ 👍 👎

步骤05 单击翻页按钮，即可查看修改提示词前文心一言回答的内容，如下图所示，用户可以自由切换。

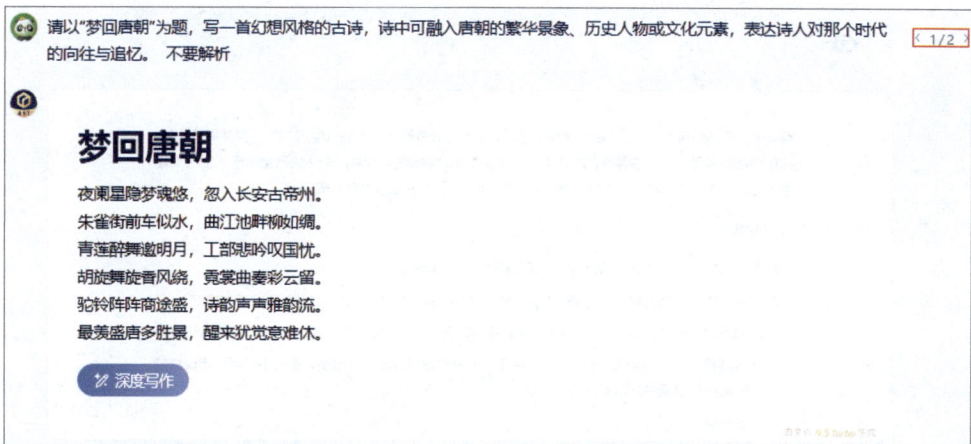

请以"梦回唐朝"为题，写一首幻想风格的古诗，诗中可融入唐朝的繁华景象、历史人物或文化元素，表达诗人对那个时代的向往与追忆。　不要解析　　　　　　　　　　　　　　　　〈 1/2 〉

梦回唐朝

夜阑星隐梦魂悠，忽入长安古帝州。
朱雀街前车似水，曲江池畔柳如绸。
青莲醉舞邀明月，工部沉吟叹国忧。
胡旋舞旋香风绕，霓裳曲袅彩云留。
驼铃阵阵商途盛，诗韵声声雅的流。
最羡盛唐多胜景，醒来犹觉意难休。

✎ 深度写作

1.2.2　开启新对话

在文心一言中，为了确保不同对话主题之间的界限分明且不受先前内容的影响，用户在与其交互时，须在一个界定清晰的语境中进行。无论用户是希望转换讨论的话题、设定特定的场景，还是保持单次对话的连贯性，都可以开启新的对话。

选择导航栏中的【新对话】选项，如下图所示，即可开启一个新的对话。新对话页面将默认保留上一次对话时选择的模型，用户可根据实际需求进行切换。

1.2.3 展开多轮对话

文心一言支持多轮持续对话，可以智能识别与记忆上下文，实现连续对话，从而提升沟通效率与深度，让人机交互更加贴近真实场景。

步骤 01 在输入框中输入提示词，如"我在北京，今天天气如何？"文心一言即可进行回复，如下图所示。

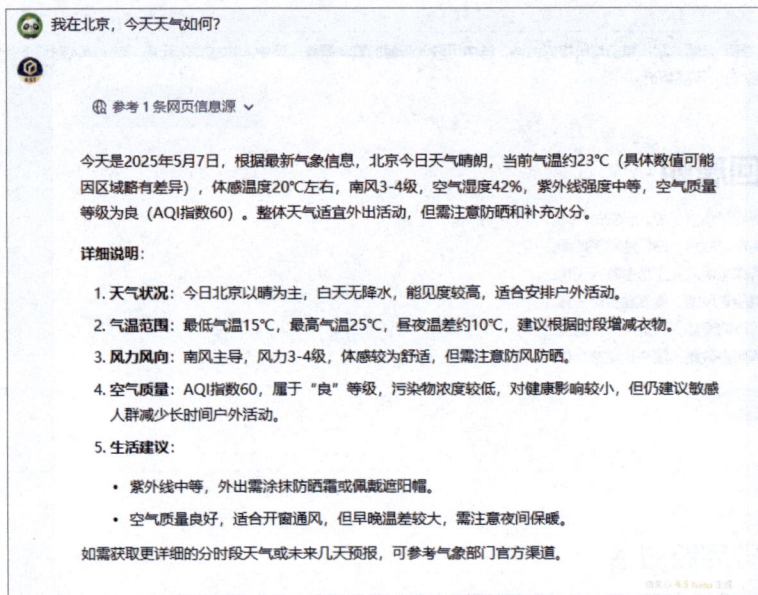

步骤 02 当想知道该地有什么景点，无须再次强调地点，如"请给我推荐一些好玩的地

方"，文心一言可以理解上文的内容，推荐北京好玩的地方，如下图所示。

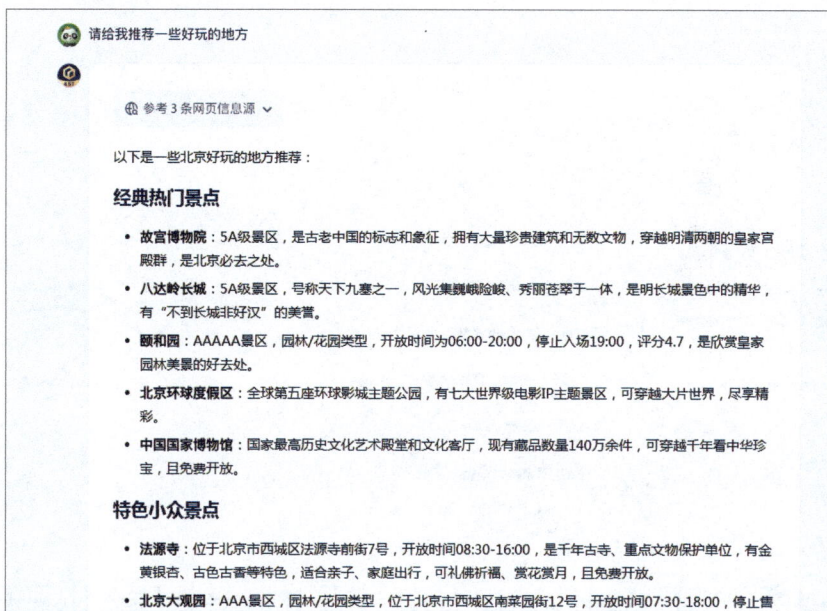

我们还可以继续围绕这个主题展开提问，例如"这些景点都需要门票吗""给我推荐一些好吃的店"等。文心一言都可以根据上下文信息进行回复，帮你准确地获取有用的信息。

1.2.4 查看和编辑历史对话

文心一言具备查看历史对话的功能，可让用户轻松查看历史对话内容，进行回顾与分析；同时提供了编辑功能，可让用户根据需要调整或修正对话信息，以提升交流效率与准确性。

历史对话记录显示在导航栏中，用户可以根据需求在其中选择某条记录进行切换。选择【查看更多...】选项，进入近期对话页面，可以查看网页版中的对话记录，也可以查看文小言中的对话记录。

单击导航栏中任意一条对话记录右侧的 ··· 按钮，弹出快捷菜单，可进行相关操作，如下页图所示。

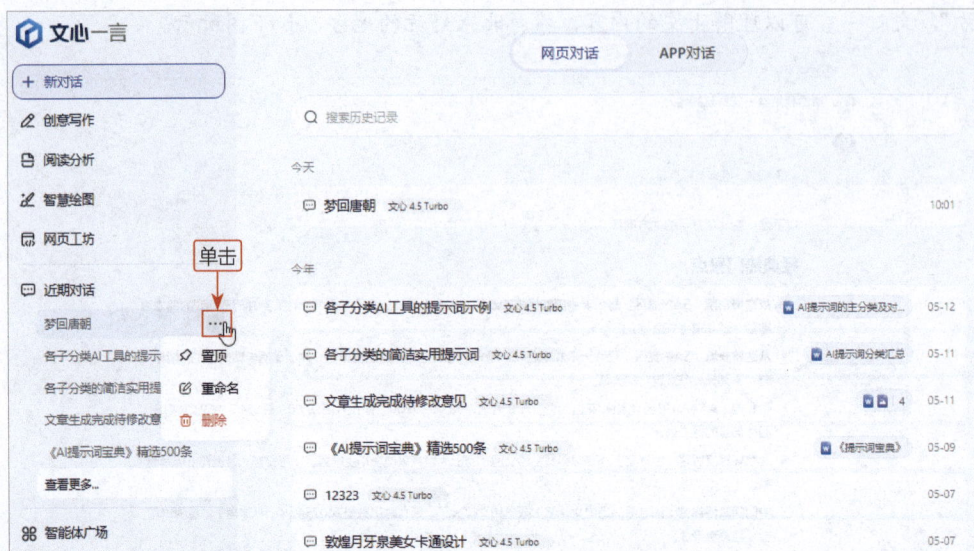

1.3 提示词的运用

在文心一言中，提示词扮演着至关重要的角色，它是用户与文心一言进行交互的桥梁。熟练掌握提示词的运用技巧，可以帮助用户更好地使用文心一言，并获取期望的信息。

1.3.1 提示词是什么

在文心一言中，提示词是一种通过自然语言（即我们日常使用的语言）向文心一言发出的请求或任务。简单来说，提示词就是你告诉文心一言你想要它做什么的一种方式。这些提示词可以是简单的问题，如"今天北京的天气怎么样？"也可以是复杂的创作要求，如"请为我写一首关于春天的诗歌"。

通过提示词，用户可以清晰地表达自己的需求。而文心一言则能够基于这些提示词，利用其自然语言处理能力和深度学习技术，快速、准确地生成相应的回答或内容。用户只需用自然语言清晰地表达需求，文心一言就会尽力去理解提示词，然后给出相应的回答或内容。

因此，熟练掌握并有效运用提示词，将显著提升用户与文心一言之间的交互效率与便利性，使用户能够更加轻松地获取信息、创作内容、执行各类任务，从而全方位满足用户多样化的需求。

1.3.2　构建优秀提示词

优秀的提示词不仅能使文心一言更精确地理解我们的意图和需求，从而提升交互效率，更能确保我们精确地获取所需信息。反之，错误的提示词可能会耗费大量时间，并无法获得期望的内容。

1. 提示词的组成结构

一个优秀的提示词=任务描述+参考信息+关键词+要求。

（1）任务描述：准确描述你想要文心一言完成的任务。这可以是一个问题、一项提示词、一个主题或一个具体的任务。

（2）参考信息：如果有背景资料、上下文信息等，那么最好在提示词中提供，这有助于文心一言更好地理解你的需求。

（3）关键词：提示词中应该包含引导文心一言关注的关键信息或问题，以便文心一言更好地理解任务并产生合适的输出。

（4）要求：明确列出所有特殊要求、限制条件或偏好，如字数限制、特定格式、使用某种语言或编程风格、遵循特定的创意方向或情感色彩等。在实际操作中，也可以补充更多的内容信息，如指定文心一言扮演的角色、提供示例等，避免模糊的提示词。

2. 不好的提示词示例

在了解了提示词组成结构后，下面列举一些不好的提示词示例，帮助读者理解提示词的组成，如下表所示。

提示词	存在的问题
生成一篇文章	缺乏任务描述和关键信息，文心一言不清楚要生成什么样的文章
阅读这篇文章并给出意见	缺少具体的任务说明和期望的输出类型
讨论AI的风险	缺乏明确的关键问题或指导，文心一言可能会产生广泛而不切实际的输出
生成一张图片	提示词过于模糊，没有说明所需的图片内容或类型
写一段对话	缺乏任务背景和关键信息，文心一言无法确定对话的主题或背景

3. 优秀的提示词示例

下面以"希望用AI写一篇环境保护的文章"为要求提供几个优秀的提示词示例，供读者参考。

- **任务描述**：生成一段对话，讨论环境保护的重要性和可行的解决方案。
- **参考信息**：环境问题包括气候变化、污染、资源浪费等。
- **关键词**：环境保护，气候变化，污染，资源浪费。
- **要求**：对话应该包含至少两位参与者，每位参与者至少提出两个保护环境的方案。字数在500至800字之间。

当将上述内容汇成一段完整的提示词时，内容如下。

生成一段对话，讨论环境保护的重要性和可行的解决方案。在对话中，参与者需提出至少两种不同的策略。同时，详细探讨环境保护、气候变化、污染、资源浪费等问题，并考虑不同的观点和意见。请确保对话的总字数在500字至800字之间。

1.3.3 快速调用提示词

文心一言在输入框上方提供了提示词（指令）功能，便于用户快速调用已创建或收藏的提示词，从而极大提升与文心一言互动的效率与体验。

步骤01 在输入框中输入"/"后会显示指令界面，在【我创建的】下方会显示用户已创建的指令列表（本例目前还未创建指令），这里单击【创建指令】按钮，如下图所示。

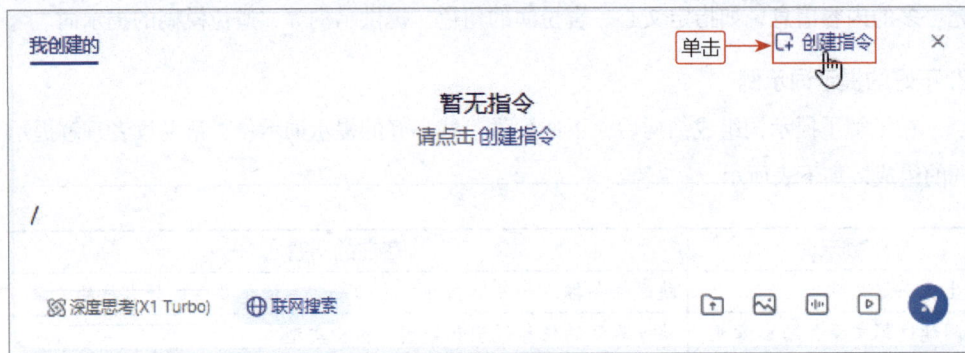

步骤02 弹出【创建指令】对话框，输入指令标题和指令内容，单击【保存】按钮，如下页图所示。

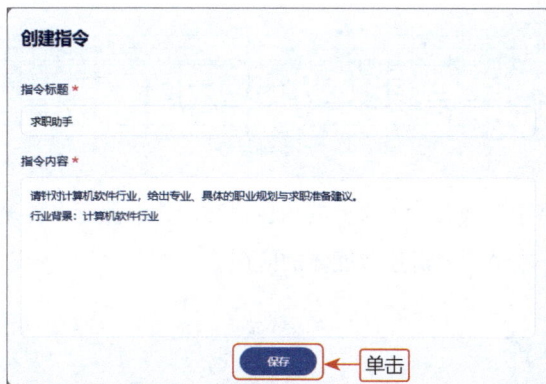

步骤 03 当需要调用指令时，在输入框中输入"/"，此时会默认显示最近使用的指令列表，如下图所示。用户可根据需要选择要调用的指令。

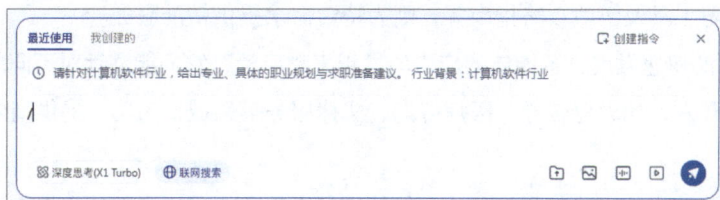

步骤 04 如果要调用已经创建的指令，单击【我创建的】选项卡进行选择即可，如下图所示。

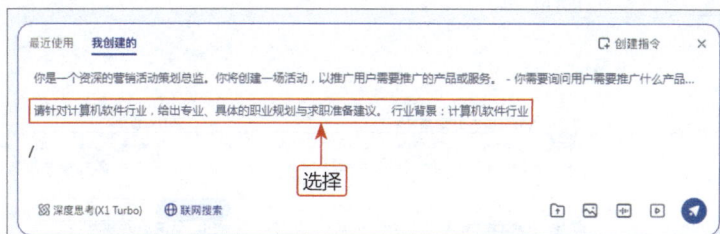

步骤 05 输入框中会显示选择的指令，用户可以根据需求对指令进行修改，如下图所示。

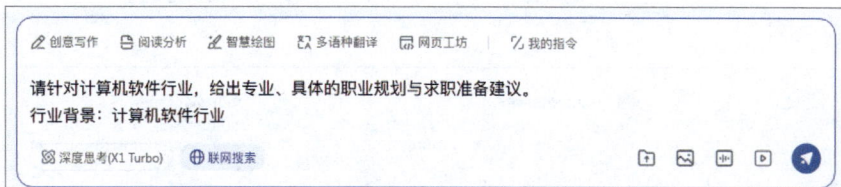

1.4 智能体的应用

智能体在大模型中扮演着至关重要的角色，它们能够执行多种复杂任务，从而提升模型的智能化水平。本节主要讲述智能体的应用。

1.4.1 了解智能体

智能体是一种高度智能化的交互系统，它们可分为综合型和专注于特定领域的专业型。综合型智能体类似于文心一言中的集成提示词，具备多元化的功能，包括但不限于问题解答、文案撰写、图片生成及搜索摘要等。而专业型智能体，如写作助手、陪聊伙伴、英文练习工具及游戏攻略指南等，则为特定需求提供精准服务。

随着AI的快速发展，智能体的应用场景越来越广泛，它们能够针对不同的垂直领域进行定制化开发，如教育辅导、医疗咨询、法律服务等领域，为用户提供高效、便捷的解决方案。

在文心一言中选择导航栏中的【智能体广场】选项，进入智能体广场页面，即可看到文心一言预设的智能体，如下图所示。

在文小言中，用户还可以根据需求，自定义创建智能体。目前文心一言尚不支持用户创建自己的智能体。

1.4.2　与智能体对话

在了解了什么是智能体后，用户可以使用文心一言预设的智能体体验它的交互功能，具体操作步骤如下。

步骤01 在【智能体广场】中，选择需要使用的智能体，例如选择【职业推荐助手】智能体，如下图所示。

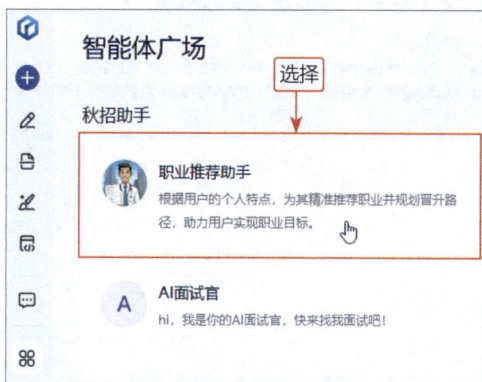

步骤02 进入该智能体页面后，用户可以选择推荐的提示词，也可以在输入框中输入提示词，进行交互。例如选择一个推荐提示词，如下图所示。

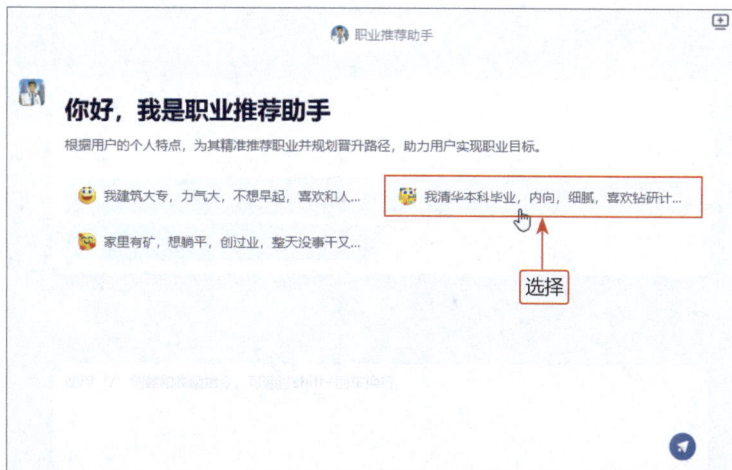

该智能体会对问题进行回复，如下图所示。

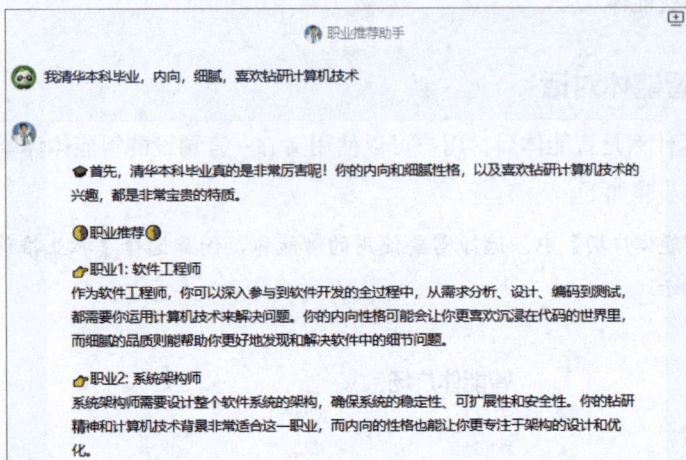

职业推荐助手

我清华本科毕业，内向，细腻，喜欢钻研计算机技术

首先，清华本科毕业真的是非常厉害呢！你的内向和细腻性格，以及喜欢钻研计算机技术的兴趣，都是非常宝贵的特质。

职业推荐

职业1：软件工程师
作为软件工程师，你可以深入参与到软件开发的全过程中，从需求分析、设计、编码到测试，都需要你运用计算机技术来解决问题。你的内向性格可能会让你更喜欢沉浸在代码的世界里，而细腻的品质则能帮助你更好地发现和解决软件中的细节问题。

职业2：系统架构师
系统架构师需要设计整个软件系统的架构，确保系统的稳定性、可扩展性和安全性。你的钻研精神和计算机技术背景非常适合这一职业，而内向的性格也能让你更专注于架构的设计和优化。

第2章

职场提效：文心一言职场加速器

在快节奏的职场环境中，效率往往决定成败。本章将深入探讨文心一言如何成为职场人士的工作加速器，如何通过智能化的工具和策略，助力职场人士在各种工作场景中实现效率的飞跃。从文案创作到数据分析，从会议管理到客户沟通，文心一言以其先进的技术，为职场提效开辟了新天地。让我们一同探索AI如何重塑我们的工作方式，引领我们迈向更高效、更智能的职场未来。

2.1　改写润色

文心一言以其精准的语言处理能力，为职场文档的改写与润色提供了强大支持。本节将展示如何利用文心一言优化文本表达，提升沟通效率，确保信息传递的准确性与专业性。

2.1.1　实战：文本内容润色

在职场中，清晰、精练且富有吸引力的书面表达是提升专业形象的关键。润色文本不仅能够提升文档的质量，还能有效传达信息，增强读者的阅读体验。

下面通过文心一言的【创意写作】中的【润色】模板进行文本的润色，具体操作如下。

步骤 01 选择导航栏中的【创意写作】选项，打开右侧的【创意写作】页面，选择【润色】选项，右侧输入框中即会填写预设的模板，如下图所示。

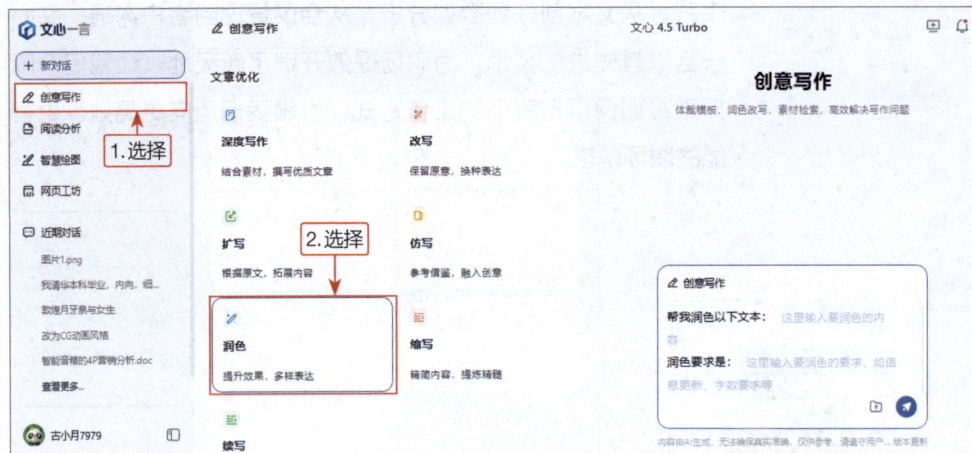

提示： 用户也可以在文心4.5 Turbo模型下，单击输入框上方的【创意写作】按钮，选择预设的模板进行操作。

步骤02 在输入框中分别输入需要润色的文本及要求，单击【发送】按钮 ，如下图所示。

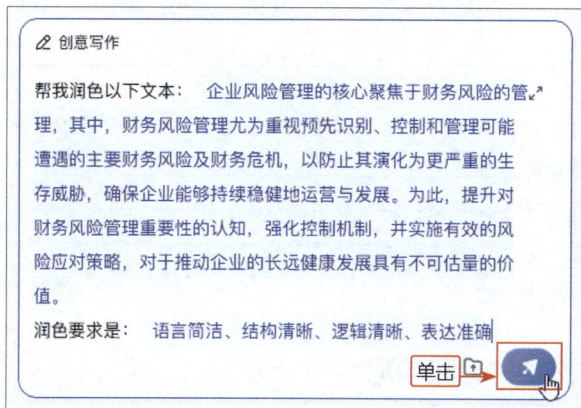

步骤03 此时，文心一言将进入编辑创作模式。左侧面板展示了文本润色内容，用户可以根据需求进行简单的格式设置，例如调整字号、加粗或应用斜体等。右侧则显示对话记录，用户可以在输入框中输入要求，以对文本进行进一步的调整和创作，如下图所示。

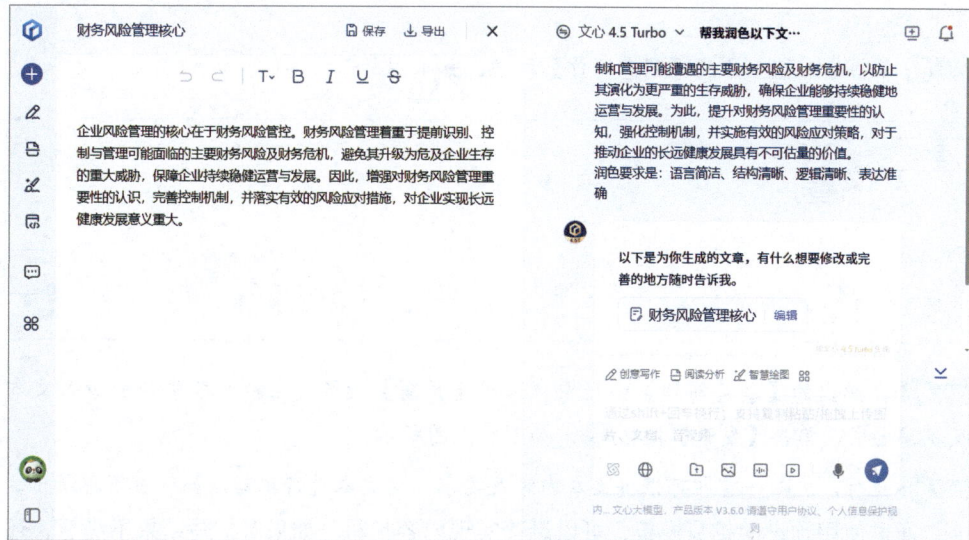

通过上述方法，用户可以借助预设模板，快速完成文本润色。此外，用户不仅可以直接复制润色后的文本，还可以单击【导出】按钮 ，将其下载为 Word 或 PDF 格式文件，以便于后续使用。

当然，如果不想使用预设模板，也可以直接在输入框中输入需要润色的文本及具体要求，例如：

润色下面的文本，要求语言简洁、结构清晰、逻辑严谨、表达准确。

提示词进阶

在润色文本时，为了更好地得到期望的内容，可以在要求方面添加一些限制条件。例如下面的提示词。

- 确保内容不变。要求：不改变内容原意。
- 限制输出字数。要求：总字数限制在200字以内。

2.1.2 实战：文本扩写和缩写

扩写和缩写是职场文本写作中不可或缺的技能。扩写能够帮助我们丰富文本内容，提供详尽信息；而缩写则能在保持文本原意的基础上，精简表达，提高信息传递效率。本小节以扩写文本为例进行讲解。

下面通过文心一言的【创意写作】中的【扩写】模板进行文本的扩写，具体操作如下。

步骤01 单击输入框上方的【创意写作】按钮，如下图所示。

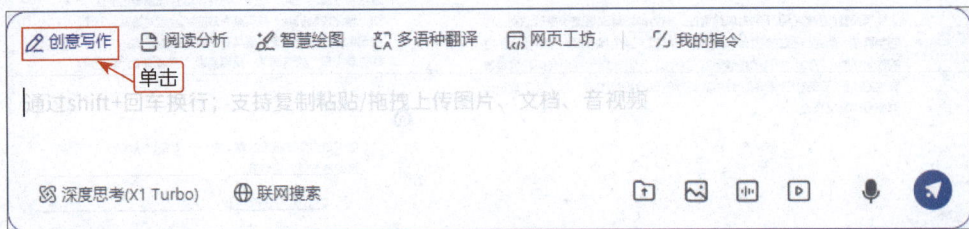

步骤02 在弹出的【创意写作】面板中，选择【扩写】模板，在输入框中分别输入文本及扩写要求，单击【发送】按钮 ✈，如下页上图所示。

步骤03 此时，文心一言即可根据文本内容及要求，对文本进行扩写，如下页下图所示。

通过使用预设的扩写模板，可以迅速实现内容扩写。如果对扩写结果不满意，还可以调整扩写要求。同样，也可以选择【缩写】模板，对文本内容进行缩写，此处不再详细说明。

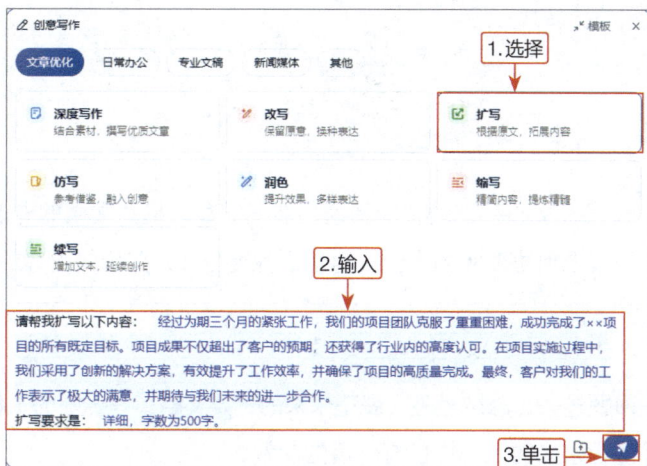

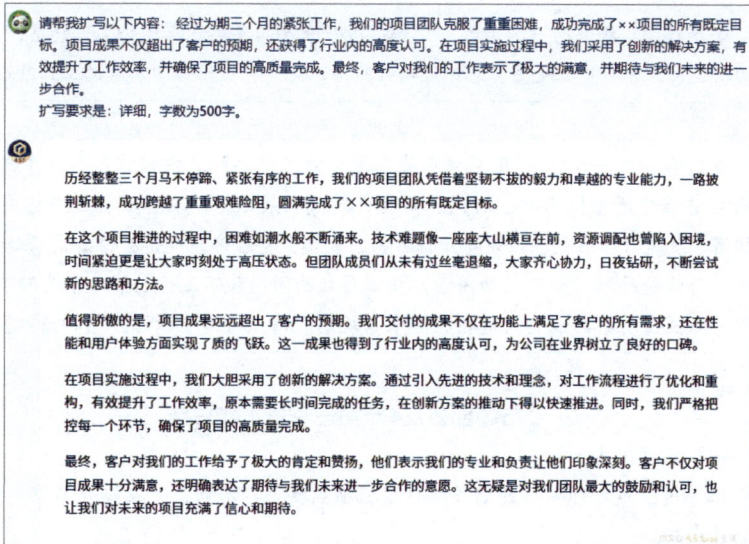

　　扩写或缩写文本时，注意提示词应明确目的、保持原文核心、提供足够背景信息，并确保逻辑连贯、语言流畅。例如下面的提示词。

　　● 扩写提示词：请扩写成一篇200字的文章，保持原文的温馨氛围，并添加具体细节来丰富内容。

　　● 缩写提示词：请精简至100字以内，确保概述中完整包含原文的关键要点、核心论述及最终结论，保持信息的准确性与完整性。

2.2　公文写作

在公文写作领域，文心一言的智能辅助功能能够显著提高文档的专业性和规范性。本节将探讨文心一言如何协助职场人士快速生成各类公文，并确保内容的严谨性。

2.2.1　实战：工作总结撰写

工作总结是回顾过去、总结经验、展望未来的重要文档。一份好的工作总结应全面、客观、具体，并能为未来的工作提供有价值的参考。

场景

　　小李作为市场部的一名专员，需要撰写一份2024年第三季度的工作总结，向领导汇报活动成果、分析市场反馈、总结成功经验与不足，并提出第四季度的工作改进计划。

提示词

　　请帮我撰写一份市场部2024年第三季度的工作总结。内容需包括：①活动概述，列出主要推广活动的名称、时间、目标；②成果展示，用具体数据说明销售额增长、品牌曝光度提升等成效；③市场反馈分析，收集并整理客户反馈，分析市场趋势；④经验总结与问题反思，提炼成功因素，指出存在的问题和不足；⑤第四季度的工作计划，基于总结提出有针对性的改进措施和未来规划。请保持语言精练，结构清晰。

回答

市场部2024年第三季度工作总结

一、活动概述

　　本季度，市场部精心策划并执行了三项主要推广活动，旨在提升品牌影响力与促进销售增长。

　　1."夏日狂欢节"促销活动（7月15日—7月31日）：针对夏季产品线，通过限时折扣、买一赠一等优惠吸引顾客，目标为提升夏季商品销量。

　　……

　　综上，市场部将在总结第三季度经验的基础上，不断优化策略，以更高效的执行力和更贴近市场的创新，推动品牌持续发展。

在向文心一言提交提示词时，应明确具体目标，确保内容围绕主题展开，以便提供详细数据，使输出结果精准。初稿完成后，用户可要求文心一言进行相应的调整和修改，确保最终内容符合实际情况，满足使用需求。

提示词进阶

在使用文心一言撰写工作总结时，提示词的明确性和具体性是关键。需要确保你的提示词详细说明了内容的范围、具体要点以及所需的格式和风格。下面提供了一个更全面的提示词示例。

我需要你帮我撰写一份关于我在市场部的工作总结。请依据以下要点来构建文档。

标题：工作总结

一、活动概述

列出我的主要项目的名称、时间以及目标。

二、成果展示

用具体数据说明我在这些活动中对销售额增长和品牌曝光度提升的工作成效。希望能用图表或百分比来直观显示这些增长。

三、市场反馈分析

收集并整理客户反馈，分析市场趋势。特别注意对新产品的市场接受度和客户满意度的反馈。

四、经验总结与问题反思

提炼在这一季度中取得成功的因素，指出存在的问题和不足。请诚实但公正地评价我的表现，并提出改进意见。

五、未来的工作计划

基于上述的总结，提出有针对性的改进措施和未来规划。希望建立可实现的目标，以提升未来的工作效率和成果。

文档格式：保持语言精练，结构清晰。文档总长度不超过两页A4纸，使用正式的商务风格。

2.2.2　实战：年终报告撰写

年终报告是企业或个人对全年工作进行全面回顾与总结的重要文件，它不仅是对过去一年的总结，更是对未来发展的展望。一份翔实、客观的年终报告，能够展现企业的综合实力，增强团队的凝聚力，为来年的战略规划提供重要参考。下面为通过文心一言完成一份年终报告的示例。

场景

张经理作为公司财务部的负责人，需要准备一份年度财务报告，该报告需向董事会汇报公司全年财务状况、经营成果、风险管理情况及未来一年的财务预测。

提示词

请协助我撰写一份年度财务报告。报告应包含：①财务概况，总结公司全年收入、利润、资产等关键财务指标；②经营成果分析，对比去年同期数据，分析增长或下降的原因；③风险管理报告，识别并评估公司面临的主要财务风险及应对措施；④未来财务预测，基于当前市场环境和公司战略，预测下一年度的财务状况；⑤结论与建议，总结全年工作亮点，提出改善建议。请确保数据准确，分析深入，语言严谨。

回答

年度财务报告

1. 财务概况

全年收入：

本年度，公司实现总收入[具体数值]万元，同比增长[百分比]%。收入增长主要得益于[具体业务或产品线]的强劲表现，以及市场需求的稳定增长。

利润总额：

全年实现净利润[具体数值]万元，较上年同期增长[百分比]%。利润率的提升反映了公司在成本控制、效率优化及产品定价策略上的有效管理。

……

综上所述，[公司全称]在过去一年中取得了稳健的财务业绩，面对未来，我们将继续秉承稳健经营的原则，加强风险管理，把握市场机遇，推动公司持续健康发展。

完成内容创作后，依据实际情况填充具体数据，确保提供的所有信息准确且完整。

提示词进阶

使用文心一言生成年终报告，需明确目的、范围，确保数据准确、逻辑清晰、风格正式，并考虑受众，注意审核。例如下面的提示词。

请生成一份2023年度公司年终报告，全面总结各部门工作成果，包括销售业绩、产品创新、市场拓展、团队建设。时间范围为2023年1月1日至12月31日，结构包含引言、部门总结、成就亮点、问题与挑战、改进措施、2024年规划。要求语言正式、评价客观、格式标准，可插入图表、图片增强可读性。

2.2.3 实战：商务合同撰写

在商务活动中，合同（或协议）是双方权益保障的基础。一份完善的合同不仅能明确双方的权利与义务，还能有效预防潜在的法律纠纷，提升合作效率。掌握合同的撰写技巧，对于职场人士而言至关重要。

场景

　　李明是一家科技公司的项目经理，负责与某大型企业签订一项为期一年的软件开发合同。合同内容涉及软件功能需求、开发周期、费用支付、知识产权归属等多个方面。为了确保合同的严谨性和全面性，李明需要准备一份详细的合同草案，以供双方商讨并最终确定。

提示词

　　请帮我起草一份软件开发合同模板。合同需包含项目概述、开发要求与标准、时间表与里程碑、费用预算与支付方式、保密与知识产权条款、违约责任及争议解决机制等关键要素。请确保合同条款清晰、明确，语言严谨，符合相关法律法规要求。

回答

软件开发合同

甲方（客户）：　　　住所：　统一社会信用代码：　　联系方式：

乙方（开发商）：　　住所：　统一社会信用代码：　　联系方式：

　　鉴于甲方需要开发一款【软件名称】软件以满足其业务需求，根据《中华人民共和国民法典》的规定，甲、乙双方在自愿、平等、协商一致的基础上，订立本合同，以明确双方的权利和义务，共同促进本项目的顺利实施。

　　……

十、其他条款

10.1　本合同一式两份，甲乙双方各执一份，具有同等法律效力。

10.2　本合同自双方授权代表签字盖章之日起生效，有效期至软件开发完毕并经甲方验收合格之日止。

10.3　本合同未尽事宜，由双方另行协商确定。

甲方代表签字：_____　日期：____年____月____日　　甲方盖章：

乙方代表签字：_____　日期：____年____月____日　　乙方盖章：

　　在生成合同后，应根据项目的具体情况进行适当调整，并建议在签订前咨询法律专业人士进行审查，以确保合同条款的准确性、合法性，充分保护你的权益。

提示词进阶

　　生成合同的提示词应简明、具体、合法、保密，并考虑可执行性和灵活性。例如下面是一个较为具体的提示词。

　　请帮我生成一份软件开发合同。其中甲方为ABC公司，乙方为XYZ公司；项目名称为××软件开发；开发周期从2024年10月1日至2025年3月31日，总费用为200000元，分三期支付，首期30%，中期30%，尾款40%，违约责任为50000元。请确保合同内容准确、完整，并符合相关法律法规和行业标准。同时，请考虑合同的实际执行情况和可能的风险，提出合理的解决方案。

2.2.4 实战：招标书撰写

招标书是企业或政府机构进行采购或招标项目时的重要文件，它不仅反映了采购方的需求与标准，也是吸引潜在投标人，确保采购过程公平、透明的重要手段。撰写一份高质量的招标书，对于成功实施采购项目至关重要。

场景

某科技公司计划对其数据中心进行升级改造，需要采购一批高性能的服务器和存储设备。为了找到合适的供应商，公司决定发布招标公告，并编写一份详尽的采购招标书。招标书需明确采购项目的具体要求、技术规格、投标文件格式、评标标准、投标截止时间等关键信息，以吸引具有实力的供应商参与竞标。

提示词

请生成一份公司采购招标书。招标书须包含项目背景介绍、采购范围与要求、技术规格与性能指标、投标文件格式与内容要求、评标方法与标准、投标保证金要求、投标截止时间与地点等关键信息。请确保招标书内容清晰、明确，能够准确传达公司的采购需求与期望，同时注重保护公司利益，避免潜在的法律风险。

回答

采购招标书

一、项目背景介绍

随着公司业务的不断扩展，我们急需引进新的设备/系统以提升生产效率和服务质量。本次采购旨在寻找符合我们技术规格与性能指标的优质产品/服务，确保项目的顺利进行。

二、采购范围与要求

......

八、投标截止时间与地点

截止时间：[具体日期和时间]

地点：[具体地址]

联系人：[姓名]

联系电话：[电话号码]

电子邮箱：[电子邮箱地址]

在运用文心一言撰写招标书时，核心在于清晰界定项目的目标和需求，并借助模板及预设功能简化制作流程。同时，必须重视语言的专业性和风格的恰当性，确保信息的精确性和合规性，以避免任何偏见和歧视。此外，还需注意进行人工审核，以确保内容的灵活性、适应性。

提示词进阶

生成采购招标书时，提示词应明确项目需求、资质要求、提交方式和评标标准。下面为一个提示词示例。

请生成一份采购招标书。项目：办公设备采购，要求：供应商资质、技术参数、预算100万元、截止日期2025年4月30日，评标：价格、质量、服务，法律框架：中国法律，联系方式：[招标方联系方式]。

2.3　营销文案创作

在激烈的市场竞争中，营销文案是吸引客户、提升品牌影响力的重要工具。本节将探讨如何利用文心一言来创作高效的营销文案，包括品牌宣传文案、广告宣传文案、活动策划文案、竞品分析报告等。

2.3.1　实战：品牌宣传方案撰写

清晰且吸引人的品牌宣传方案对于建立企业的品牌形象至关重要。文心一言能够根据企业的品牌定位和目标受众，生成符合品牌调性的宣传内容，帮助品牌在市场竞争中突出重围。

场景

李华是一家新兴科技公司的市场总监，他需要为公司即将推出的智能手表制订一套全面的品牌宣传方案。该方案需要突出手表的创新功能和时尚设计，同时要考虑到成本效益和市场反响。

提示词

请帮我制订一份智能手表的品牌宣传方案。方案需要明确目标客户群体及其需求，包含手表的独特卖点、品牌形象、宣传策略及预算规划等。请确保方案具有针对性、创新性和可执行性，能够吸引目标客户群体的关注，提高品牌知名度和美誉度。

回答

智能手表品牌宣传方案
一、项目背景与目标
在智能穿戴设备市场竞争日益激烈的今天，推出一款具有独特卖点、以特定客户群体的智能手表，不仅需要卓越的产品性能，还需要一套精准而富有创意的宣传方案。本方案旨在为"智领未来"品牌智能手表制订一套全面的宣传策略，以提升品牌知名度，增强目标客户的购买意愿，树立积极向上的品牌形象。

……

七、执行与评估

● 执行时间表：制订详细的月度执行计划，确保各项活动按时推进。

● 效果评估：通过销售额、网站流量、社交媒体互动量、品牌提及率等指标，定期评估宣传效果，并根据反馈调整策略。

通过上述方案的实施，预期能够在目标客户群体中建立起"智领未来"智能手表的品牌认知，提升产品销量，同时塑造出积极、健康、科技的品牌形象。

通过使用上述提示词，文心一言成功为该科技公司制订了一套完整的品牌宣传方案，不仅准确传达了公司的创新理念，还有效吸引了目标受众的关注。

提示词进阶

在使用文心一言生成品牌宣传方案时，构建提示词应注意明确目标市场和品牌定位，准确阐述产品或品牌的独特卖点，具体化宣传策略和预算等，还可以给出一定的创意方向，供文心一言参考。如以下提示词示例。

请帮我制订一份品牌宣传方案，用于推广我们的新款环保运动鞋。方案需要包括：①目标市场分析，包括年龄、性别、消费习惯等；②品牌定位，强调产品的环保材料和时尚设计；③宣传策略，建议至少两种线上和线下的推广方式，考虑成本效益；④预算规划，不超过10万元，优先考虑投资回报率（ROI）高的渠道；⑤效果评估，设定关键绩效指标（KPI），如品牌曝光度、网站流量、销售转化率等。请确保方案创新且符合我们的品牌形象，同时考虑如何与消费者建立情感联系。

2.3.2 实战：广告宣传文案撰写

一句优秀的广告语能够简洁、有力地传递产品的核心卖点，给人们留下深刻印象。我们可以使用文心一言创作出既吸引人又易于记忆的广告语，有效提升广告的传播效果。

场景

张薇是一家化妆品公司的营销经理，她需要为即将上市的新款护肤系列创作一句广告语。该广告语需要简洁、有力，同时能够传达产品的核心卖点——天然成分和高效保湿。

提示词

请帮我创作一句广告语，用于推广新款护肤系列。广告语需要：①突出产品的天然成分和高效保湿特性；②简洁、有力，易于记忆；③符合品牌形象，传达出品牌的高端定位。

回答

广告语："源自自然，润泽非凡——臻享高效保湿的奢华护肤体验。"

这句广告语精准地捕捉了新款护肤系列的核心卖点和品牌形象。它强调了产品采用天然成分，同时突出了其高效保湿的特性，让消费者对产品的功效产生信心。简洁、有力的表达方式使得广告语易于记忆，便于传播。同时，通过使用"臻享"和"奢华"等词汇，传达出了品牌的高端定位，提升了产品的档次感。

利用文心一言，张薇得到了多句创意十足的广告语。最终，她选择了一句既符合产品特性又易于传播的广告语，为新产品的宣传工作打下了良好的基础。

提示词进阶

在使用文心一言生成广告宣传方案时，构建提示词需要注意的关键点与之前提到的品牌宣传方案相似，同时侧重于具体的广告效果和创意表现，如提供一些创意概念、媒介选择、调性和语气以及法律法规等方面。如以下提示词示例。

请为一款面向20~35岁女性消费者的高端护肤品牌"焕颜秘籍"设计一则社交媒体的广告文案。我们的目标是在接下来的3个月内，通过吸引这一年龄段追求高品质生活的女性用户来提升品牌的市场认知度和产品销量。这款护肤系列的特点包括但不限于：含有天然植物精华、适合各种肤质使用、能够有效改善肌肤问题（如痘痘、色斑、细纹等），并且通过了皮肤科医生的测试，保证温和、无刺激。创意上，我们希望展现出使用该产品后肌肤焕发自然光彩、自信美丽的女性形象，同时传达"美丽源于自然，自信由内而外"的品牌理念。广告应适合在小红书、抖音等社交媒体平台上发布，语言风格优雅且富有感染力，鼓励用户分享自己的美丽变化故事。请确保所有内容均符合国家广告法的相关规定，不使用任何夸大其词或误导性的表述。

2.3.3　实战：活动策划方案撰写

在市场营销活动中，一个精心策划的活动方案能够吸引目标受众的参与，提升品牌知名度和产品销量。我们可以借助文心一言，根据活动目标、受众特点和品牌定位等因素，生成全面且具有创意的活动策划方案。

场景

　　赵强是一家知名运动品牌的市场经理，他计划在即将到来的夏季推出一项户外运动推广活动。该活动旨在吸引年轻消费者体验该品牌的新款运动鞋，并鼓励他们分享自己的运动经历。赵强需要制订一个全面的活动策划方案，包括活动目标、主题、具体实施步骤及预算等，以确保活动的高效执行和良好反响。

提示词

　　请帮我策划一场线下推广活动，用于推广新款运动鞋。活动需要包括：①目标受众分析，明确年龄、性别、消费习惯等；②活动场地和时间安排，场地为周末商场中庭；③活动主题和亮点，突出运动鞋的独特功能和品牌形象；④活动流程安排，详细描述各个环节；⑤宣传推广策略，包括线上线下的推广方式；⑥预算规划，明确各项费用支出；⑦效果评估，设定关键绩效指标（KPI），如活动参与人数、产品咨询量、销售转化率等。请确保方案具有创新性和可执行性，能够吸引目标受众的关注。

回答

夏季户外运动推广活动策划方案

一、活动概述

活动名称：夏日炫跑·新鞋挑战——新款运动鞋体验盛宴。

目标群体：18~35岁的年轻人，热爱运动，追求时尚与品质生活的都市青年。

产品特性：新款运动鞋，主打极致舒适度与超强耐用性，适合长时间户外运动。

二、活动主题与亮点

主题："炫跑无界，舒适由我"——新款运动鞋夏日挑战赛。

……

十、后续跟进

数据分析：收集活动数据，分析参与度和销售效果。

用户反馈：通过问卷调查和社交媒体互动，收集用户对产品的反馈。

持续营销：根据活动反馈调整产品和营销策略，持续推广新款运动鞋。

通过以上策划方案，我们旨在为年轻消费者提供一个充满活力、互动性强的夏季户外运动体验，同时有效推广新款运动鞋的舒适度和耐用性，扩大品牌影响力。

　　利用文心一言，赵强获得了一份详尽的活动策划方案，该方案不仅充分考虑了目标客户的需求和偏好，而且创造性地结合了线上和线下多种推广方式。通过实施这一方案，成功地提升了品牌在年轻消费者中的知名度和好感。

提示词进阶

　　在使用文心一言生成活动策划方案时，构建提示词应注意明确活动的目标和预期效果，具体化活动内容和宣传策略，同时考虑预算和效果评估。此外，可以提供一些创意方向，供文心一言参考。如以下提示词示例。

请为我设计一个针对大学生的"健康跑步挑战"活动策划方案。方案需要包括：①目标市场分析，聚焦于大学生的生活方式和健康意识；②活动目的，旨在提高学生对健康生活方式的认识并推广我们的跑步装备；③活动形式，建议采用线上线下相结合的方式，如校园跑步比赛和社交媒体挑战赛；④预算规划，不超过5万元，优先考虑成本低、效益高的执行方案；⑤效果评估，设定关键绩效指标（KPI），如参与人数、社交媒体互动量和销售增长率等。请确保方案具有高度的参与性和趣味性，能够有效激发学生的参与热情和分享欲望。

2.3.4 实战：竞品分析报告撰写

通过竞品分析，企业可以发现自身的优势与不足，理解市场需求变化，并据此优化产品与服务。文心一言能够辅助完成竞品分析报告，帮助企业从各个维度了解竞争态势。

场景

王敏是一家新能源汽车公司的市场分析师，随着公司即将推出新款车型，她需要对市场上的主要竞争车型进行一次全面的分析。这次分析的重点是竞争车型的技术参数、市场定位、价格策略和用户反馈等。王敏希望通过这次分析为公司的市场推广策略和新产品开发提供数据支持和策略建议。

提示词

请帮我完成一份关于当前市场主流新能源汽车的竞品分析报告。报告需要包括：①竞争车型的市场定位和目标消费群体；②各车型的核心技术参数和性能比较；③价格策略及促销活动分析；④用户评价和市场反馈总结；⑤基于分析得出的市场机会和潜在风险。请确保报告数据准确、分析客观，能够为公司制定市场策略提供有价值的参考。

回答

新能源汽车竞品分析报告

一、竞争车型的市场定位和目标消费群体

新能源汽车市场竞争激烈，主要车型包括特斯拉Model 3、比亚迪汉EV、小鹏P7等。这些车型的市场定位多集中在中高端市场，目标消费群体主要是一线城市和限购区域的消费者，这部分人群购买力强，对车辆品质和续航要求较高，愿意尝试新技术，并且重视智能化功能。

二、各车型的核心技术参数和性能比较

......

2. 潜在风险：

- 价格战：激烈的价格竞争可能导致利润率下降，影响企业的长期发展。

- 技术更新迅速：技术的快速迭代要求企业不断投入研发，对资金和资源的需求较高。

- 政策变化：政府补贴政策的退坡可能会影响消费者的购买意愿。

综上所述，新能源汽车市场正处于快速发展阶段，但也面临着激烈的竞争和不断变化的市场环境。企业需要不断创新，提升产品力和品牌影响力，以应对潜在的市场风险。

通过运用文心一言，王敏成功地获取了一份详尽且全面的竞品分析报告。在利用文心一言创作长篇报告内容时，普通用户所能生成的文本长度存在限制，若遇到无法一次性完成的情况，建议采取以下策略：将报告内容进行合理拆分，随后分步生成。待所有部分均完成后，再将它们合并成一个完整的报告。最后，利用文心一言对这份合成后的文档进行细致的审核，以确保其准确性和完整性。

提示词进阶

在使用文心一言生成竞品分析报告时，构建提示词应注意明确报告的目标和重点分析内容，准确阐述需要关注的竞争要素，如技术参数、市场定位、用户反馈等。此外，应提供具体的行业背景信息和关键性能指标，以确保分析的准确性和针对性。如以下提示词示例。

请为我制订一份针对××品牌智能手表的竞品分析报告。报告应涵盖竞品的市场表现、功能特点、用户评价、价格策略以及营销策略等方面。同时，请对比分析竞品与我司即将推出的新品在功能、设计、用户体验等方面的差异和优势/劣势。报告中的数据应来源于权威的市场研究机构或官方渠道，确保真实、可靠。最后，请提炼关键信息和结论，为公司的市场策略制订提供有价值的参考。

2.3.5 实战：调研问卷制作

在市场调研过程中，一份精心设计的调研问卷是获取准确信息的关键工具。借助文心一言，我们可以根据调研目的、目标受众和所需信息类型，快速生成一份科学、合理的调研问卷。

场景

小陈是一家电子商务平台的产品经理，他需要了解用户对于平台新上线的家居用品的满意度和购买意愿。为了收集这些信息，他计划制作一份在线调研问卷。

提示词

请帮我设计一份在线调研问卷，用于收集用户对我们新上线的家居用品的反馈。问卷需要包括以下内容：①用户基本信息，如年龄、性别和职业；②用户对家居用品的满意度评价；③用户购买家居用品的频率和偏好；④用户对平台购物体验的评价；⑤用户对家居用品的改进建议；⑥用户对可能的新功能的期待。

回答

家居用品用户满意度调研问卷

尊敬的用户，您好！感谢您参与我们的在线调研。您的反馈对我们非常重要，将帮助我们不断改进产品和服务，以更好地满足您的需求。本问卷预计耗时3~5分钟，请根据您的真实情况作答。所有数据将严格保密，仅用于统计和分析。

■ 基本信息

1.您的年龄是？（单选）

☐ 18岁以下

☐ 18~25岁

☐ 26~35岁

☐ 36~45岁

☐ 46~55岁

☐ 56岁以上

……

■ 改进建议与新功能期待

11.您对我们的家居用品有哪些改进建议？（开放题）

12.您希望我们未来能推出哪些新功能或新产品？（开放题）

再次感谢您的宝贵时间和真诚反馈，您的支持是我们进步的动力！

提示词进阶

在使用文心一言生成调研问卷时，构建提示词应明确调研的具体目的、目标受众和关键问题。同时，应确保问题设计既覆盖广泛的主题，也深入挖掘具体细节。如以下提示词示例。

请为我设计一份针对年轻消费者的健康饮食习惯调研问卷。内容需包括：①基本信息，如年龄和性别；②对健康饮食定义的理解；③每日饮食的主要内容和频率；④对特定健康食品的认知和消费意愿；⑤获取健康饮食知识的主要途径。请确保问卷简短但具有针对性，能够有效揭示青年群体的饮食习惯和健康意识。

2.3.6 实战：产品调研报告撰写

在产品开发和市场策略制订中，一个全面的产品调研报告能够提供关键的见解和数据支持。通过系统地收集和分析关于市场、目标用户、竞争环境及产品性能的数据，企业可以更好地定位其产品，优化功能并制订有效的市场进入策略。

场景

小张是一家互联网创业公司的产品经理，为了推出新的在线教育平台，她需要进行一次全面的产品调研，包括了解市场上现有的教育产品、潜在用户的需求、市场趋势以及潜在的竞争对手。这次调研的目的是确保产品的市场定位准确，满足用户需求，并在激烈的市场竞争中获得优势。

提示词

请帮我撰写一份关于在线教育平台的市场调研报告。报告需要详述以下内容：①现有在线教育平台的分类及主要特点；②各类平台的目标用户群体及其需求分析；③竞争对手的优势与不足；④市场趋势与技术革新对在线教育的影响；⑤根据调研结果提出产品的改进建议。请保证报告具有事实依据且提供行动方向指导。

回答

在线教育平台市场调研报告

随着互联网技术的飞速发展和全球化教育需求的日益增长，在线教育平台已成为现代教育体系中不可或缺的一部分。本报告旨在深入分析当前在线教育平台的市场状况，探讨其分类、目标用户群体及其需求、竞争对手的优势与不足，以及市场趋势和技术革新对在线教育的影响。通过这些分析，我们期望为在线教育平台的未来发展提供有价值的参考和建议。

一、现有在线教育平台的分类及主要特点

1. K12在线教育平台

主要特点：课程体系完善，涵盖小学到高中的全科目课程。教学资源丰富，包括名师授课视频、在线习题、模拟考试等。采用个性化教学模式，根据学生的学习情况和进度制订专属学习计划。

2. 职业教育在线平台

主要特点：课程针对性强，针对不同职业领域提供专业技能培训。教学方式灵活，既有直播课程，也有录播课程和在线实训。与企业合作紧密，为学员提供实习和就业机会。

……

五、拓展市场渠道

加强品牌建设和宣传推广，提高品牌知名度和美誉度。

与学校、企业、社会组织等合作，拓展市场渠道，扩大用户群体。

开展国际化业务，引进国外优质教育资源，为用户提供更加多元化的学习选择。

总之，在线教育市场前景广阔，但也面临着激烈的竞争和挑战。在线教育平台需要不断提高课程质量、优化价格策略、提供个性化服务、加强技术创新和拓展市场渠道，以满足用户的需求，提升自身的竞争力。

通过使用文心一言，小张成功地获得了一份深入的产品调研报告。这份报告不仅详细地分析了竞争环境，还清晰地描绘了目标用户的期望和市场发展趋势，为产品的最终设计和推广提供了宝贵的数据支持和策略建议。

提示词进阶

在使用文心一言生成产品调研报告时，构建提示词应明确指出所需调研的范围和具体目标，同时应详细描述产品的独特性及其市场背景。此外，还需提供具体的行业数据来源和用户反馈渠道。如以下提示词示例。

请为我编制一份针对智能家居设备的市场调研报告。内容需涵盖：①当前市场上智能家居设备的种类及主要功能；②消费者对智能家居设备的接受程度和购买偏好；③主要竞争者的市场策略和产品优势/劣势；④技术创新对智能家居市场的潜在影响；⑤根据调研结果对产品开发和市场部署的建议。请确保报告中包含最新的市场数据和用户意见，以支持准确的市场分析和决策制订。

2.3.7　实战：SWOT分析

SWOT分析是一种常用的战略规划工具，用于评估企业或项目的优势（Strengths）、劣势（Weaknesses）、机会（Opportunities）和威胁（Threats）。通过文心一言，我们可以快速生成客观、全面的SWOT分析报告，帮助企业制订有效的战略决策。

场景

李娜是一家服装企业的战略规划师，她需要对公司的一款新的时尚系列服装进行SWOT分析。该系列服装定位为中高端时尚女装，目标客户群体为年龄在25~45岁的时尚女性。

提示词

请帮我对一款定位为中高端时尚女装的新系列服装进行SWOT分析。分析内容包括：①优势，如品牌形象、设计风格、面料质量等；②劣势，如价格相对较高、市场份额较小等；③机会，如时尚趋势变化、消费升级、电商平台发展等；④威胁，如竞争对手众多、市场需求不稳定等。请确保分析结果准确、全面且具有参考价值。

回答

中高端时尚女装新系列服装SWOT分析

一、优势（Strengths）

1.品牌形象

● 品牌在市场上具有一定的知名度和美誉度，树立了中高端的品牌定位，给消费者留下了时尚、优雅、品质卓越的印象。

● 注重品牌文化的塑造，通过广告宣传、时尚活动等方式不断强化品牌形象，吸引了一批忠实的消费者。

2.设计风格

● 拥有专业的设计团队，能够准确把握时尚潮流趋势，设计出独特、新颖的服装款式。

● 注重细节处理，从剪裁、图案、配饰等方面体现出高品质和时尚感，满足了中高端消费者对个性化和时尚的追求。

......

综上所述，中高端时尚女装新系列服装具有品牌形象、设计风格、面料质量等优势，但也面临价格相对较高、市场份额较小等劣势。在机会方面，时尚趋势变化、消费升级、电商平台发展为品牌提供了发展机遇；然而，竞争对手众多、市场需求不稳定等威胁也不容忽视。品牌应充分发挥自身优势，抓住市场机会，克服劣势和威胁，制订合理的市场策略，提升品牌的竞争力和市场占有率。

提示词进阶

在使用文心一言生成SWOT分析报告时，构建提示词应注意明确分析的对象和目的，具体化需要评估的各个方面。此外，可以提供一些战略规划的框架和方法，供文心一言参考。如以下提示词示例。

请帮我制订一份针对我们即将推出的环保型清洁产品的SWOT分析报告。报告需要包括：①我们产品的优势，如环保材料、创新技术等；②我们产品的劣势，如较高的生产成本、有限的市场知名度等；③市场上的机会，例如消费者对环保产品的日益关注、政策支持等；④市场上的威胁，如竞争对手的价格战、市场饱和等。基于SWOT分析结果，提出产品定位和市场策略的建议。请确保报告内容客观、准确，并且易于理解，以便我们的团队能够快速把握市场动态，并制订有效的战略决策。

2.3.8 实战：4P营销分析

在市场营销中，4P［产品（Product）、价格（Price）、地点（Place）、促销（Promotion）］分析是评估和制订营销策略的基础工具。通过这种分析工具，企业能够确保其营销组合与市场需求和竞争环境相匹配。

场景

小磊是一家消费品公司的市场部经理，公司正计划重新推广其旗舰产品系列。为了确保推广活动的效果，她需要进行一次全面的4P分析，以调整和优化产品的市场定位和销售策略。

提示词

请帮我完成一份关于我们旗舰产品系列的4P分析报告。报告需要包括以下内容：①产品分析，包括产品特性、生命周期、差异化因素；②价格分析，涵盖定价策略、价格弹性、竞争对手的价格比较；③地点分析，包括分销渠道、物流系统、市场覆盖范围；④促销分析，涉及促销活动的类型、效果评估、预算分配。请确保报告能够提供实用的策略建议，支持销售增长。

回答

旗舰产品系列4P分析报告

一、产品分析

1.产品特性

• 旗舰产品系列具有高品质的材料、精湛的工艺和时尚的设计。产品注重细节，从外观到功能都经过精心打造，以满足消费者对高品质产品的需求。

• 具有独特的功能和特点，例如创新的技术应用、个性化的定制选项等，能够与竞争对手区分开来，吸引消费者的关注。

• 品牌形象高端，代表着品质、时尚和创新，能够提升消费者的购买意愿和忠诚度。

2.产品生命周期

......

综上所述，通过对旗舰产品系列的4P分析，我们可以看出产品在品质、设计和功能等方面具有优势，但价格相对较高，市场覆盖范围有限。在促销方面，需要创新活动形式，提高效果评估和预算分配的合理性。通过以上策略建议的实施，可以提高旗舰产品系列的市场竞争力，支持销售增长。

通过使用文心一言，小磊得到了一份详尽的4P分析报告。该报告为公司提供了关键的市场洞察和策略建议，帮助公司更有效地调整产品的市场定位和推广策略。

提示词进阶

在使用文心一言生成4P分析报告时，构建提示词应注意明确产品特点，综合市场的环境因素，在4P的每个方面，都要进行深入的探讨和分析，提出具体的建议和措施。另外要注意强调可操作性，提出可执行的营销策略和行动计划。例如，以下是一个更具体的提示词示例。

请为我公司即将推出的新款智能手表进行4P分析。产品方面，请详细描述其创新功能、设计风格和材质选择；价格方面，请分析竞争对手的定价策略，并结合成本和市场定位确定合理的价格区间；渠道方面，请评估线上、线下渠道的优劣，提出渠道拓展和优化建议；促销方面，请制订一套包含广告、社交媒体推广、折扣活动等在内的综合促销策略，并设定预期目标和预算。同时，请考虑如何通过4P的协同作用，提高产品的市场竞争力和品牌知名度。

2.4　新媒体内容创作

借助文心一言，我们可以轻松驾驭文字、捕捉热点，打造引人入胜的新媒体内容。本节将探索如何利用文心一言辅助新媒体内容创作，包括撰写爆款标题、抖音文案、小红书种草文案、公众号文章等。

2.4.1　实战：爆款标题撰写

在数字营销时代，一个吸引人的标题对于提升用户点击量和内容传播度至关重要。文心一言可以帮助我们快速生成具有吸引力和感染力的爆款标题。

场景

乐乐是一名自媒体编辑，他需要为一篇关于最新科技趋势的文章撰写一个爆款标题。该文章详细介绍了当前科技领域的热门话题，包括AI、大数据、云计算等前沿技术，并分析了这些技术对未来社会的影响。乐乐希望标题能够准确反映文章的核心内容，同时吸引广大科技爱好者的关注。

提示词

请帮我撰写一个标题，用于一篇关于最新科技趋势的文章。标题需要：①准确概括文章的核心内容，即最新科技趋势及其对未来社会的影响；②突出科技前沿和热门话题，如AI、大数据、云计算等；③具有吸引力和创新性，能够激发读者的好奇心和阅读兴趣；④符合语言规范，简洁、明了且易于理解。

> 回答

> 洞察未来：AI、大数据、云计算开启未来社会新变革

使用文心一言，乐乐得到了一个满意的标题。该标题准确概括了文章的核心内容，即最新科技趋势及其对未来社会的影响，特别是突出了AI和大数据这两个热门话题。通过"洞察""新变革"等词汇，标题成功地激发了读者的好奇心和阅读兴趣，让他们想要了解更多关于科技趋势的信息。

提示词进阶

在使用文心一言生成爆款标题时，构建提示词可以更加具体和详细，以提高生成标题的质量，同时可以设置要生成的风格和提供参考标题，也可以一次性生成多条标题，方便对比，并选用最喜欢的标题。如以下提示词示例。

请帮我为一篇关于亲子旅游的文章撰写一个爆款标题。文章主要介绍了一些适合亲子旅游的目的地和活动，目标受众是年龄在25~45岁的家长。提示词还可以给出以下信息：①可以参考标题"亲子旅游，一起探索奇妙世界"；②强调亲子之间的情感连接和旅游的乐趣；③突出适合亲子旅游的目的地特点。要求生成的标题符合目标受众的特征，具有吸引力和独特性。多写几个爆款标题，每个标题都要满足上述要求。

2.4.2 实战：抖音文案撰写

抖音作为一个短视频平台，其文案对于吸引用户注意力和提高内容传播效果至关重要。下面通过文心一言辅助生成抖音文案。

> 场景

> 小安是一位抖音短视频创作者，他需要为一个展示自己手工制作过程的短视频撰写一条抖音文案。视频主要展示了从原材料到成品的整个手工制作过程，目标受众是对手工制作感兴趣的人群。

> 提示词

> 请帮我为一个展示手工制作过程的视频撰写一条抖音文案。文案需满足以下条件：①针对对手工制作感兴趣的目标受众；②描述手工制作过程，强调手工制作的独特性和趣味性；③能够引发观众的共鸣，吸引观众点赞、评论和分享。

回答

"✨巧手匠心，独一无二的创造之旅开始啦！🎨

你是否厌倦了千篇一律的流水线商品？👀 来，跟我一起踏入这场手工制作的奇幻冒险吧！🚀

👀 亲眼见证平凡材料如何在指尖下魔法般地蜕变～一块普通的布料，几缕彩色的丝线，在我的巧手下，渐渐编织成梦想中的温馨小物！🧶

🎨 每一道工序，每一次剪裁，都蕴含着匠人的温度和情感。这不仅仅是一件物品的制作，更是一次心灵的治愈之旅！❤️

🥰 看，这细腻的针脚，仿佛在低语，讲述着关于耐心与爱的故事。你，也想给自己的生活添上一抹这样的独特色彩吗？🌈

别等了，朋友！让我们一起动手，创造那份只属于你的、不可复制的美好！💪

👆 快来点赞、评论告诉我你最想学的手工技巧，或者分享给你的朋友，让更多人加入我们的创意大军吧！🎉

#手工制作# #创意无限# #匠心独运#"

通过使用文心一言，小安得到了一段极具吸引力的抖音文案。这段文案不仅提高了她视频的观看率，也显著增加了用户的互动和分享，有效扩大了她的观众基础。

💡 **提示词进阶**

在使用文心一言撰写抖音文案时，构建提示词应明确视频的主题、目标受众及相关特定关键词或短语。此外，应强调需要包含的行动号召和情感诉求来增加互动性。如以下提示词示例。

请帮我为一个展示宠物日常的视频撰写一条抖音文案。视频主要展示了宠物的可爱行为和互动，目标受众是宠物爱好者。提示词还可以给出以下信息：①可以参考文案"萌宠日常，看它们如何萌翻你"；②强调宠物的可爱和与主人的互动；③要求生成的文案符合目标受众的特征，具有吸引力和独特性。

2.4.3 实战：小红书种草方案撰写

在小红书这个以生活方式分享为核心的社交平台上，"种草（推荐）"成为一种新的营销方式。通过精心策划的内容种草方案，品牌可以借助用户口碑的力量，实现产品的自然传播和品牌影响力的提升。

💻 场景

小薇是一家进口化妆品品牌的市场策略师，计划在小红书上推广新系列的护肤产品。她希望通过种草方案提升产品知名度，并增强用户对品牌的信任感和购买意愿。

提示词

请帮我设计一套针对小红书平台的进口护肤品种草方案。方案应包括以下内容：①目标用户分析，包括主要的用户特征和消费行为；②产品特性和优势的详细描述；③内容策略，包括主题选择、内容形式（如笔记、视频或图文）和发布频率；④关键意见领袖（KOL）及小红书达人的选择标准和合作策略；⑤监测和评估机制，用于跟踪方案执行效果并进行调整优化。请确保方案细致具体，能够有效吸引目标用户的注意力。

回答

小红书平台进口护肤品种草方案设计

1.目标用户分析

主要用户特征：

- 年龄层：18~35岁，以年轻女性为主，对美容护肤有高度兴趣和追求。
- 地域分布：主要集中在一线城市及部分经济发达的二线城市，对国际潮流趋势敏感。
- 消费能力：中等到高消费水平，愿意为高品质、有特色的进口护肤品支付溢价。

......

调整优化：

- 根据监测结果，对表现不佳的内容形式或合作KOL进行调整。
- 加强与用户的互动，根据用户反馈快速迭代产品介绍和使用教程。
- 适时引入新元素，如跨界合作、限时礼盒等，保持品牌新鲜感。

通过上述方案的实施，可以有效吸引目标用户的注意力，提升品牌在小红书平台的影响力和市场份额。

通过使用文心一言，小薇得到了一套全面的小红书种草方案。该方案不仅深入分析了目标用户群体和产品卖点，还提供了切实可行的内容发布和KOL合作策略，有效地提升了她的产品在小红书上的关注度。

提示词进阶

在使用文心一言生成小红书种草方案时，构建提示词应注意详细说明产品特性及期望达到的市场效果。同时，应提供关于目标用户的具体信息和相关特定市场趋势的背景知识。如以下提示词示例。

请为我设计一套针对年轻妈妈群体的婴儿护理产品在小红书的种草方案。方案需要详述：①这一群体的具体需求和行为特征；②产品如何满足这些需求及市场优势；③建议的内容主题和格式，以及如何与用户日常生活场景结合；④合适的KOL选择和她们的影影响力分析；⑤方案实施后的效果监测方法和预期调整。请确保方案具有创意性并且能够引发目标用户共鸣。

2.4.4 实战：公众号文章撰写

微信公众号作为一个重要的内容发布和社交互动平台，为品牌与读者之间建立了一个直接且持续的沟通渠道。精准的文章策略能够有效提升品牌的公信力和影响力，同时增强读者的忠诚度。

场景

小刘是一位生活方式博主，他计划在他的微信公众号上发布一篇关于居家健身的文章，旨在帮助读者在家也能保持健康的生活方式。

提示词

请帮我撰写一篇适合发布在微信公众号上的文章，主题为居家健身。文章内容需要包括：①介绍居家健身的便利性和重要性；②提供几种简单易行的居家健身方法；③给出建议的居家健身计划和注意事项；④鼓励读者开始并坚持居家健身。请确保文章语言通俗易懂，内容实用且吸引人。

回答

居家健身，轻松拥有完美身材

在这个快节奏的社会中，很多人因为工作忙碌、交通不便等原因，难以抽出时间去健身房锻炼。然而，保持身体健康和良好体态对于提高生活质量至关重要。幸运的是，随着科技的发展和健康意识的提升，居家健身成为一种越来越受欢迎的选择。今天，我们就来聊聊居家健身的好处，以及如何在家里进行有效的锻炼。

一、居家健身的便利性和重要性

便利性：居家健身最大的优势就是方便、快捷。无论是在客厅、卧室还是阳台，只要有足够的空间，就可以随时开始你的锻炼计划。无须担心天气变化或者交通拥堵，真正实现了"想练就练"。

……

通过使用文心一言，小刘得到了一篇内容丰富且实用的微信公众号文章。这篇文章不仅提高了他在读者心中的专业形象，也成功鼓励了许多读者开始他们的居家健身之旅。

提示词进阶

在使用文心一言生成微信公众号文章时，构建提示词应注意详细说明文章的目的和核心信息，同时应描述目标读者的兴趣和需求。此外，还应提供相关特定的观点或角度要求。如以下提示词示例。

> 请为我撰写一篇针对职场人士的微信公众号文章，主题为"工作日快速健康餐制作"。文章需要包括：①强调健康饮食对于维持工作效率的重要性；②介绍3种快速且营养均衡的餐食制作方法；③提供一周餐食计划的样本；④给出食材购买和储存的小贴士。请确保文章内容符合职场人士的生活节奏，并提供实用的解决方案。

2.4.5 实战：豆瓣书评撰写

在文学交流的广阔领域中，豆瓣书评是一个重要的平台，它为读者提供了分享阅读感悟和评价书籍的空间。一篇优秀的豆瓣书评不仅能够传达读者对书籍的理解，还能引发其他读者的兴趣，促进思想的碰撞和交流。

场景

> 小林是一位热爱阅读的文学编辑，他希望在豆瓣上为科学巨著《三体》撰写一篇书评。他期望通过这篇书评，不仅能够表达自己对作品的深刻理解，还能够吸引更多读者关注和讨论这本书。

提示词

> 请为我撰写一篇针对《三体》的豆瓣书评。书评需要详述：①书籍的基本信息及核心剧情；②主要角色的性格分析和故事中的角色发展；③作者刘慈欣的叙事技巧和想象力展现；④个人对作品中科学、哲学问题的理解和看法。请确保书评能深入探讨科幻与现实社会的关联，并体现出层次丰富的思考。

回答

> ### 《三体》书评：科幻与现实的交响
>
> 《三体》是刘慈欣创作的一部科幻巨著，由《三体》《三体Ⅱ·黑暗森林》《三体Ⅲ·死神永生》三部组成。这部系列小说自2006年首次在《科幻世界》杂志上连载以来，便以其独特的视角、宏大的叙事和深刻的主题，赢得了全球科幻爱好者的广泛赞誉。
> ……
>
> 总的来说，《三体》是一部层次丰富、思考深刻的科幻巨著。它不仅是一部小说，更是一部探讨科学、哲学和人类命运的百科全书。我相信，每一个读过《三体》的人，都会被它深邃的内涵和宏大的叙事所震撼。

通过使用上述提示词，小林使用文心一言撰写了一篇深刻且具有感染力的豆瓣书评。这篇书评不仅展现了小说的内在魅力，还激发了读者的阅读兴趣和讨论热情。

提示词进阶

在使用文心一言生成豆瓣书评时，构建提示词应注重书评的思想深度和文学鉴赏力，明确书评的目的和读者期待。此外，可以提供一些书评写作的指导和风格建议，供文心一言参考。如以下提示词示例。

请帮我撰写一篇适合在豆瓣发表的书评，用于推荐《心：稻盛和夫的一生嘱托》这本书。书评需要包含以下要点：①概述本书的主要内容和主题；②分析稻盛和夫的人生观、价值观及其对企业管理的独特见解；③表达个人阅读体验和情感共鸣；④提出对书中观点的独到见解和批评；⑤鼓励读者参与讨论，分享自己的阅读感受和对稻盛和夫理念的理解。

2.4.6　实战：短视频脚本制作

在短视频风靡的时代，一个精心制作的短视频脚本是打造优质短视频的关键。它如同建筑的蓝图，规划着视频的每一个环节，从画面到台词，从节奏到情感表达。

场景

小陈是一位自媒体创作者，他想制作一个关于美食探店的短视频。该视频主要展示一家特色餐厅的环境、菜品以及食客的用餐体验，目标受众是美食爱好者和喜欢探索新餐厅的人群。

提示词

请为一个关于美食探店的短视频制作脚本。脚本应包括：①镜头序号；②景别；③画面内容；④台词；⑤时长；⑥音乐及音效；⑦拍摄地点。视频主要展示一家特色餐厅的环境、菜品以及食客的用餐体验，目标受众是美食爱好者和喜欢探索新餐厅的人群。

回答

美食探店短视频制作脚本

镜头1

- 镜头序号：01
- 景别：远景。
- 画面内容：城市繁华街道，镜头缓缓推进至特色餐厅外观，展示餐厅招牌和门面装饰。
- 台词：（旁白）"在这座城市的喧嚣中，隐藏着一家让人流连忘返的美食天堂。"
- 时长：5秒。
- 音乐及音效：轻快而神秘的背景音乐，伴随逐渐增强的鼓点。

- 拍摄地点：餐厅外。

镜头2

……

- 时长：5秒。
- 音乐及音效：背景音乐转为柔和的钢琴旋律，结束于宁静的夜晚氛围。
- 拍摄地点：餐厅外。

总时长：约43秒。

通过使用上述提示词，小陈使用文心一言生成了一个完整且适用的短视频脚本，为后期的视频拍摄奠定了基础。

提示词进阶

在使用文心一言生成短视频脚本时，构建提示词应注重内容的创意性和互动性，明确脚本的目的和观众期待。此外，可以提供一些脚本创作的指导和风格建议，供文心一言参考。如以下提示词示例。

请帮我制作一个关于日常生活小技巧的短视频脚本。脚本需要包含以下要素：①引人入胜的开头，简要介绍视频内容和主题；②5个具体的生活小技巧演示，每个技巧包括详细操作步骤和预期效果；③幽默、风趣的元素穿插其中，增加视频的可观性；④总结性的结尾，回顾技巧并对观众进行呼吁或提问，以增加互动性。请确保脚本内容连贯、表达清晰，时长控制在一分钟内。

2.4.7 实战：直播策划方案撰写

直播策划方案如同导航图，指引着直播的方向，包括从主题设定、内容安排到互动环节设计以及目标受众定位等各个方面。

场景　小娜是一家服装品牌的市场部经理，她计划通过直播的方式推广新一季的服装系列。为了确保直播的成功，她需要一个全面的直播策划方案来指导整个直播活动的执行。

提示词　请帮我制订一份针对新季服装系列的直播策划方案。方案需要涵盖以下内容：①确定直播的主题和目标，包括品牌推广和产品销售；②选择合适的直播平台和直播时间；③设计直播流程和互动环节，提高观众参与度；④制订直播前的宣传计划和直播后的跟进策略；⑤预估直播所需的资源和预算。请确保方案具体且可操作，能够吸引并留住目标观众。

回答

直播策划方案：新季服装系列

1. 直播主题与目标

主题：时尚新风尚：新季潮流发布。

目标：品牌推广与产品销售双驱动，增强用户参与度，提升销售额。

2. 直播平台与时间

平台选择：根据目标受众，选择抖音直播和视频号直播，覆盖更广泛年轻的用户群体。

直播时间：选择20:00~22:00，用户活跃度高，观看直播的黄金时段。

……

● 礼品和优惠券成本：预计5000元。

● 总计预算：约50000元。

通过以上策划，可以确保直播活动的顺利进行，同时吸引并留住目标观众，实现品牌推广和产品销售的双重目标。

通过使用文心一言，小娜得到了一份详尽的直播策划方案。这份方案不仅全面覆盖了直播的各个方面，还特别注重观众的互动体验和直播后的效果转化。

提示词进阶

　　使用文心一言构建直播策划方案的提示词时，需明确直播目标与受众特点，精心设计主题内容，注重互动和主播的选定，合理安排时间，全面考虑宣传推广策略、预算规划以及效果评估指标。如以下提示词示例。

　　请为一场健身器材新品发布会直播制订策划方案。直播将在品牌官方直播间进行，目标受众是年龄在20~40岁的健身爱好者，直播目的是介绍新品特点、提升品牌知名度以及促进产品销售。方案应包括：①直播主题设定；②内容安排，包括新品介绍、健身教程、嘉宾访谈等环节；③互动环节设计，如抽奖、问答、用户留言互动等；④主播选择，考虑主播的形象、专业知识和人气；⑤时间安排，包括直播开始时间和每个环节的大致时长；⑥宣传推广策略，如社交媒体宣传、合作媒体报道等；⑦预算规划，明确各项费用支出；⑧效果评估指标，观看人数、点赞数、评论数、产品销售量等。

2.4.8　实战：直播带货话术设计

　　在直播带货日益火爆的当下，巧妙的话术（说得巧妙，说得得体，说得对路子，不含欺骗）是吸引观众购买产品的关键。它不仅要传达产品的信息，还要激发观众的购买欲望，并建立信任，营造出一种紧迫感和独特的购物氛围。

场景

小峰是一位电商主播，他要为一款智能健身器材进行直播带货。该产品具有多种智能功能，适合不同健身水平的人群，目标受众是年龄在20~45岁，关注健康和健身的消费者。

提示词

请为一款智能健身器材（适合不同健身水平人群，目标受众为20~45岁关注健康和健身的消费者）生成直播带货话术。话术应包括：①开场引入，吸引观众注意力；②产品介绍，突出产品特点和优势；③适用人群说明，强调对不同健身水平人群的适用性；④价格和优惠信息，说明产品价格以及当前的优惠活动；⑤购买引导，激发观众购买欲望，鼓励下单；⑥结尾互动，增加与观众的互动，收集反馈。

回答

以下是智能健身器材的直播带货话术：

一、开场引入

嗨，宝子们！欢迎来到今天的直播间！我是你们的健身小天使［主播名字］。在这个快节奏的时代，大家都越来越关注健康和健身，对不对？今天我要给大家带来一款超级厉害的智能健身器材，它将彻底改变你的健身生活！准备好了吗？让我们一起开启健康之旅吧！

……

六、结尾互动

好啦，今天的直播就要接近尾声了。宝子们，你们对这款智能健身器材有什么看法呢？欢迎在弹幕中留言，告诉我们你的想法和建议。我们会根据大家的反馈，不断改进和优化我们的产品和服务。

再次感谢大家的观看和支持！如果觉得我们的直播还不错，记得点赞、关注并分享给你的朋友们哦！让更多的人一起加入健康生活的行列！我们下次直播再见！

通过使用上述提示词，文心一言为小峰设计了一套直播带货话术。这套话术不仅详细介绍了产品特性，还有效地调动了观众情绪，促进了销售的增长。

提示词进阶

在使用文心一言生成直播带货话术时，构建提示词应明确产品特点优势，定位受众心理，强调优惠内容，注重情感交流，合理安排话术结构，融入互动元素。如以下提示词示例。

请为一款高端护肤品牌的新品精华液（目标受众为25~40岁注重皮肤保养的女性）生成直播带货话术。话术应包括：①开场引入，吸引观众注意力；②产品介绍，突出产品特点和优势；③适用人群说明，强调对目标受众的适用性；④价格和优惠信息，说明产品价格以及当前的优惠活动；⑤购买引导，激发观众购买欲望，鼓励下单；⑥结尾互动，增加与观众的互动，收集反馈。

2.5 会议助手

在快节奏的现代工作中，会议成为团队协作不可或缺的一环。然而，会议的筹备与执行往往耗费大量精力。文心一言拥有智能、高效的功能，可以助力会议顺利进行，让团队聚焦核心议题，提升会议效率与质量。

2.5.1 实战：会议邀请函撰写

在商务沟通中，一份精心撰写的会议邀请函是开启对话和建立合作的第一步。它不仅传递了会议的核心信息，更体现了主办方的专业态度和对与会者的尊重。

场景　小刚是一家科技公司的公关经理，他正在筹备一场关于行业创新的高端论坛。他需要撰写一份会议邀请函，邀请行业内的专家、学者和企业家参加。他希望这份邀请函能够体现出会议的重要性和对受邀者的重视。

提示词　请帮我撰写一份会议邀请函，用于邀请嘉宾参加我们的行业创新论坛。邀请函需要包含以下要点：①明确会议的主题、时间和地点；②介绍会议的议程和预期成果；③强调嘉宾的重要性和对会议的贡献；④提供报名方式和联系方式；⑤表达对嘉宾光临的期待和感谢。

回答

会议邀请函

尊敬的[嘉宾姓名/称谓]：

您好！

在这个日新月异的时代，每一个创新的火花都可能照亮行业的未来。为此，我们诚挚地邀请您参加由［主办方名称］主办的"［具体主题，例如：未来科技与行业融合创新论坛］"，共同探索行业发展的新路径，携手开创更加辉煌的明天。

会议详情如下：

主题：[未来科技与行业融合创新论坛]

时间：[具体日期]，上午9:00至下午5:00（请根据实际情况调整）

地点：[会议地点全称及详细地址]

……

在此，我们衷心感谢您对本次论坛的关注与支持！期待在"[具体主题，例如：未来科技与行业融合创新论坛]"上与您相聚，共绘行业发展新蓝图，共创美好未来！

敬请光临，不胜荣幸！

此致

敬礼！

[主办方名称]

[发送日期]

文心一言生成会议邀请函之后，请根据实际情况调整其中的具体内容，如日期、地点、联系信息等，以确保邀请函的准确性和个性化。

提示词进阶

　　在使用文心一言生成会议邀请函时，构建提示词应注重邀请函的正式性和专业性，说明邀请函的目的和受邀者的价值，明确主题目的，详说时间、地点，定位参会对象，安排议程，突出亮点，使用诚挚的邀请语，提供联系方式等。如以下提示词示例。

　　请帮我撰写一份会议邀请函，用于邀请行业领袖参加我们的年度战略峰会。邀请函需要包括：①峰会的主题"未来科技与企业发展"；②峰会定于2024年11月10日在国际会议中心举行；③峰会将探讨科技趋势、创新策略和企业合作机会；④强调受邀者在行业内的影响力和对峰会讨论的贡献；⑤提供在线报名链接和客服联系方式；⑥表达对受邀者参与的热切期望和深深的谢意。请确保邀请函内容正式、礼貌，并且能够激发受邀者的参与兴趣。

2.5.2　实战：会议通知撰写

　　在组织各类会议时，及时、有效的会议通知对于确保参会者的出席和前期准备至关重要。

场景　　小王是公司的行政人员，需要为一场重要的业务研讨会发送会议通知。这场研讨会涉及多个部门的骨干员工，对于公司的业务发展至关重要。

提示词

　　请撰写一则会议通知，内容包括：①会议的主题、目的和重要性；②具体的时间和地点；③会议日程概览；④参会人员的准备要求；⑤会议联系人及联系方式。请使用正式、礼貌的语言风格，并确保信息准确无误。

回答

会议通知

尊敬的各位同事：

您好！

　　为了进一步提升公司运营效率，明确下一季度的工作目标与方向，特此召开"2024年第四季度工作计划与目标设定会议"。本次会议对于明确公司战略方向、统一各部门工作步调具有重要意义，现将会议具体安排通知如下：

　　……

此致

敬礼！

[公司名称]

[发布日期]

　　通过上述提示词，文心一言即可生成一份清晰的会议通知模板，小王根据具体情况修改一下即可使用。

提示词进阶

　　在构建该提示词时，应注重通知的完整性和明确性，明确通知需要包含的所有关键信息。文心一言可以生成一份更贴近期望的内容。如以下提示词示例。

　　请帮我起草一份会议通知，用于组织即将举行的年度销售总结会议。通知需要包括：①会议的主题"年度销售成果与未来规划"；②会议定于2024年12月15日下午2点在公司大会议室举行；③参会人员包括销售部门全体员工及公司高层管理人员；④议程包括销售数据回顾、优秀案例分享、明年销售目标讨论等；⑤参会人员需提前准备各自区域的销售报告，并着正式服装出席；⑥请参会人员提前5分钟到场，并关闭手机或调至静音状态。请确保通知内容正式、准确，并且易于理解，以便所有参与者都能做好充分的准备。

2.5.3　实战：会议发言稿撰写

　　在各类会议中，一份精彩的发言稿能够有力地传达观点、引发讨论、推动决策。它是发言者与听众之间沟通的桥梁，承载着重要的信息和思想。

场景

　　王经理需要在公司的季度总结会议上发言，回顾过去一季度的工作成果，分析存在的问题，并提出下一季度的工作计划。

提示词

　　请为公司季度总结会议撰写一篇发言稿。发言稿应包括：①开场问候；②上季度工作成果回顾；③问题分析；④下季度工作计划；⑤结束语。

回答

公司季度总结会议发言稿

一、开场问候

尊敬的各位领导、同事们：

大家上午好！

在这金秋送爽、硕果累累的美好时节，我们齐聚一堂，共同回顾过去一个季度的工作历程，展望未来的发展方向。首先，我代表公司管理层，向辛勤耕耘、无私奉献的每一位同事表示衷心的感谢和崇高的敬意！

......

五、结束语

同事们，回顾过去，我们心潮澎湃；展望未来，我们信心满怀。让我们以更加饱满的热情、更加坚定的信念，携手共进，为公司的美好明天而努力奋斗！

最后，我衷心祝愿大家身体健康、工作顺利、家庭幸福！谢谢大家！

　　文心一言生成会议发言稿之后，王经理需根据实际情况调整具体内容和数据，方可现场使用。

提示词进阶

　　在构建会议发言稿的提示词时，要明确发言主题和目的，确保发言稿围绕核心内容展开，对工作成果进行具体阐述，包括数据、案例等，增强说服力。同时，深入分析问题产生的原因，提出切实可行的解决方案。此外，制订详细的工作计划，明确目标、任务和时间节点。在语言上，可以强调语言表达的准确性和流畅性，例如使用恰当的语气和措辞，增强发言稿的感染力。如以下提示词示例。

　　请为公司季度总结会议生成一篇发言稿。发言稿要求包括：①开场问候：简短介绍会议目的和重要性。②上季度工作成果回顾：详细阐述上季度完成的主要工作成果和亮点。③问题分析：分析当前工作中存在的问题和挑战，并提出解决方案。④下季度工作计划：明确下季度的工作目标和计划，包括任务分配、时间节点等。⑤结束语：总结发言，对公司领导和同事表示感谢，并祝愿大家工作顺利、身体健康。请确保发言稿内容简洁明了，重点突出，符合公司文化和价值观。同时，注意使用适当的措辞和语气，以展现发言人的专业性和亲和力。

2.5.4 实战：会议纪要生成

会议纪要是会议讨论的精髓所在，它将讨论的要点、决策结果及后续行动计划浓缩于文字之中，为未能参会者提供信息，同时为执行者提供行动指南。

场景　小刘是一家科技公司的市场部经理，刚主持完一场关于下一季度营销策略规划的会议。参会人员众多，讨论内容丰富，包括市场分析、目标设定、营销策略制订、预算分配等多个方面。他需要在会议结束后尽快将会议纪要分发给所有参会者及未能参加的团队成员，以确保信息同步和后续工作的顺利开展。

提示词　请根据会议记录，自动生成一份详细的会议纪要。确保纪要中包含会议时间、地点、参会人员、会议主题、主要讨论点、决策结果及下一步行动计划。
会议记录内容：（略）。

回答

会议纪要

会议主题：下一季度营销策略规划会议

会议时间：2024 年 10 月 15 日

会议地点：公司会议室

参会人员：市场部、销售部、财务部等部门负责人

……

六、会议总结

本次会议全面规划了下一季度的营销策略，明确了市场分析、目标设定、营销策略和预算分配等内容。各部门需密切配合，共同努力，确保营销目标顺利实现，并持续关注市场动态，及时调整策略以适应市场变化。

记录人：[记录人姓名]

审核人：[审核人姓名]

在与文心一言对话中，也可以通过上传会议记录文档，结合提示词生成会议纪要。

提示词进阶

　　在使用AI生成会议纪要时，构建提示词应注重纪要的完整性和可执行性，明确纪要需要覆盖的内容和细节。此外，如果公司有统一的会议纪要模板，也可以提供给文心一言，使其按照特定格式进行生成。如以下提示词示例。

　　请为一场市场策略研讨会生成会议纪要。会议涉及市场营销部门、销售部门及高层管理人员，讨论了市场趋势、竞争态势及公司的市场策略调整。纪要应包括：①会议基本信息，如会议时间、地点、参会人员；②市场趋势和竞争态势分析；③现有市场策略的评估；④新市场策略的讨论结果；⑤下一步行动计划及负责人；⑥其他重要事项。

2.5.5　实战：会议后续工作安排

　　随着AI技术的不断发展，利用AI自动化处理会议后续任务分配与跟踪成为可能，这种方式不仅提高了效率，还确保了任务的准确执行。本实战将展示如何借助文心一言，实现会议后续任务的高效分配和跟踪。

场景

　　小艾是一家公司的项目经理，刚刚结束了一场关于新产品发布的跨部门协调会议。会议讨论了多项关键任务，涉及市场调研、产品设计、营销推广等多个环节，需要多个部门协同完成。为了确保会议决策得到有效执行，他需要一种高效的方式来分配这些任务，并实时跟踪它们的进度。

提示词

　　根据会议录音或笔记，自动识别并提取所有待办任务。分析任务性质，智能匹配至相应部门或责任人。设定任务截止日期，并创建任务跟踪列表。

　　会议摘要如下：（略）。

回答

待办任务提取及分配

　　①市场部

　　任务描述：进行全面的市场调研，包括目标客户群体分析、竞争对手研究、市场趋势预测等，提交详细的调研报告。

　　截止日期：2024年10月31日。

　　责任人：李华。

　　……

任务跟踪列表

部门	任务描述	截止日期	责任人
市场部	进行全面的市场调研	2024年10月31日	李华
研发部	评估产品与市场需求匹配度，提出产品建议	2024年10月17日	张明
研发部	主导产品设计工作，制定设计方案	2024年11月20日	张明
设计部	协助产品外观设计，提供方案	2024年11月15日	王悦
生产部	参与产品设计，进行可生产性评估	2024年11月20日前	赵强
市场部	制定营销推广策略	2024年12月10日	李华
销售部	执行营销推广策略，实现销售目标	产品上市后三个月内	陈刚
客服部	收集客户反馈，提交报告	每周	刘梅
各部门	每周召开部门协调会议	每周	各部门负责人
项目管理办公室	协调项目进展，确保按时完成	2024年12月15日	项目管理办公室

此任务跟踪列表应作为项目管理的基础，确保所有任务按时完成，并随时更新以反映项目进展。

通过文心一言实现的会议后续任务分配与跟踪方案，显著提升了任务管理的效率与准确性。它不仅能够自动识别并分配任务，还能实时跟踪任务进度，确保每项任务都能得到及时、有效执行。

提示词进阶

在使用文心一言生成会议后续任务分配与跟踪方案时，构建提示词应注意详细分析任务的性质和难度，以便将其合理分配给具备相应能力的人员。明确任务分配的依据，如专业技能、工作经验、时间可用性等。也可以补充一些恰当的激励与惩罚措施，激发员工的工作动力和责任感。如以下提示词示例。

请根据上传文档的会议内容，制订后续任务分配与跟踪方案。该会议确定了多个复杂项目任务，涉及多个部门的员工。方案应包括：①任务清单梳理，明确各项任务的具体内容；②任务分配原则，确定合适的任务负责人；③进度跟踪方式，如定期汇报、使用项目管理工具等；④沟通机制，确保信息及时传递与问题及时解决；⑤激励与惩罚措施，提高员工执行任务的积极性。

2.6 沟通协作

文心一言为职场带来了诸多变革。本节我们将介绍文心一言如何在沟通话术、处理客户投诉、提升客户满意度以及处理商务邮件等方面发挥重要作用，助力职场人士实现更高效的沟通协作。

2.6.1 实战：沟通话术定制

在商务沟通与日常交流中，有效的沟通话术能极大提升信息传达的效率与效果。文心一言可以根据不同的场合和目的，帮助用户定制适合的沟通话术，从而提高沟通的成功率和建立良好的人际关系。

场景

> 小赵是一家电子产品公司的销售代表，在与客户沟通的过程中，经常会遇到客户对产品的价格、质量以及售后服务等方面提出异议或担忧。小赵希望能够借助有效的话术来应对这些情况，提升客户满意度，促进销售。

提示词

> 请为我构建一套针对客户常见异议或担忧的应对话术，包括价格、质量、服务等方面的解释和安抚策略，提升客户满意度。

回答

> 以下是一套针对价格、质量、服务等方面的解释和安抚策略：
>
> 价格异议
>
> 客户担忧："你们的价格太高了！"
>
> 应对话术：
>
> ● 理解认同："我完全理解您对价格的考虑，毕竟每个人都希望以最合理的价格获得最好的产品/服务。"
>
> ● 价值强调："不过，请您相信，我们的价格是与产品的高品质和所提供的价值相匹配的。我们注重的是长期合作和客户的满意度，而不是短期的利润最大化。"
>
> ……
>
> ● 响应速度："我们的客服响应时间非常快，通常会在几分钟内回复您的咨询或投诉。我们深知时间对于您来说非常宝贵，因此我们会尽力缩短您的等待时间。"
>
> ● 持续关怀："除了日常的客户服务外，我们还会定期对您进行回访，了解您对我们产品/服务的满意度，并根据您的反馈进行持续改进。我们希望通过这种方式，能够让您感受到我们的关怀和诚意。"

通过不断的互动和优化，小赵可以逐渐掌握利用文心一言定制高效商务沟通话术的技巧，为商务活动的成功开展和业务关系的深化奠定坚实基础。

提示词进阶

在构建生成沟通话术的提示词时，应注意以下要点，以确保话术的实用性和针对性：明确沟通的最终目的，提供具体的沟通背景和使用场景，强调产品或服务的卖点，可以提前设想并包括可能的客户反对意见及应对策略，增强话术的应对能力。如以下提示词示例。

请为与重要客户进行商务合作洽谈制作沟通话术。话术应包括：①开场友好问候，表达对合作的期待；②详细介绍合作方案的优势；③巧妙回应客户对风险的担忧；④在价格方面进行合理协商的话语；⑤以坚定的语气促成合作的话术。同时，请为团队内部讨论新项目方案制作沟通话术。话术应包括：①清晰说明项目目标和任务；②鼓励成员积极发表不同看法；③妥善处理分歧的话语；④定期跟进项目进度的话术；⑤对团队成员的努力给予肯定的话语。

2.6.2 实战：客户投诉处理

在沟通协作中，客户投诉处理是检验企业服务质量、维护客户关系的重要环节。用户可以使用文心一言，准确、有效地处理客户投诉。

场景

小强是一家电子产品制造商的客户服务经理。他收到了一位客户的投诉，内容如下："我购买的蓝牙耳机在两周内就出现了连接问题，而且售后服务热线一直打不通，感觉非常失望。"针对这一具体投诉，小强需要制订一套客户投诉处理方案和话术，以确保问题得到妥善解决，并且让客户感到被尊重和理解。

提示词

请制订一套处理客户投诉的方案。客户购买的蓝牙耳机在两周内出现连接问题，且售后服务热线一直打不通，客户感到非常失望。方案需确保问题得到妥善解决，并让客户感到被尊重和理解。

回答

客户投诉处理方案

一、投诉接收与初步响应

1. 即时回复：在收到客户投诉的第一时间，通过电子邮件或短信形式向客户致以诚挚的歉意，并确认已收到其投诉内容。

> 2.情绪安抚：在回复中表达对客户遭遇的理解，强调公司重视每一位客户的体验，对给客户带来的不便表示深感遗憾。
>
> 通过以上方案的实施，旨在确保客户的问题得到妥善解决，同时让客户感受到公司的尊重和理解，从而恢复并增强客户对公司的信任和满意度。

通过使用文心一言，小强初步掌握了针对投诉信息的个性化的响应话术，并获得了精准的解决方案，有效提升了处理效率与客户满意度。

提示词进阶

> 在构建客户投诉处理的提示词时，应详细描述投诉的具体情况，可考虑平台的运营流程和资源限制，制订切实可行的解决方案，强调与客户的良好沟通，且注重方案的可持续性，通过投诉处理推动平台的整体改进。如以下提示词示例。
>
> 请为一家餐饮外卖平台处理客户投诉制订方案。投诉内容为客户收到的外卖食品与订单不符，且食物已经凉了。方案应包括：①对客户投诉的快速回应话术；②调查外卖配送环节的流程；③与商家的协调策略，确定责任方；④为客户提供的补偿方案，如重新配送或退款并赠送优惠券；⑤平台对外卖配送流程的改进措施；⑥与客户沟通反馈的方式和时间安排。

2.6.3 实战：商务邮件撰写

在商务沟通中，邮件是一种重要且常用的工具。一封清晰、准确、专业的商务邮件能够有效地传达信息，促进合作，提升企业形象。

场景

> 小小是一家公司的销售经理，随着年末的到来，公司计划举办一场专为大客户定制的年终大促活动。为了提前通知并吸引主要客户，需要写一封邮件，激发客户对即将举行的大促活动的兴趣。

提示词

> 你是一名销售经理，你需要给大客户写一封关于"大客户专属年终大促活动"的邮件，邮件内容需要包含活动的大致安排，要求语言表达热情，能够吸引客户，并且内容简洁。

回答

主题：大客户专属年终大促活动

尊敬的[客户姓名]先生/女士：

您好！

随着年末的钟声渐渐敲响，我们满怀感激之情，回顾过去一年中您对[公司名称]的信任与支持。在此，我代表全体团队成员向您表达最诚挚的感谢和敬意。为了回馈您的长期合作，我们特别策划了一场"大客户专属年终大促活动"，诚邀您的参与。

……

祝愿您事业蒸蒸日上，家庭幸福美满！

[您的姓名]

[您的职位]

[公司名称]

[日期]

[公司联系方式]

通过使用文心一言撰写的商务邮件，小小有效地向大客户传达了大促活动的重要信息，同时展示出公司对客户关系的重视和对活动的热情。

提示词进阶

在使用文心一言生成商务邮件时，构建提示词应注重邮件的目的性和针对性，明确邮件需要传达的核心信息和行动号召。此外，可以提供一些写作风格和格式的建议，供文心一言参考。如以下提示词示例。

请帮我撰写一封商务合作邮件，用于与一家技术供应商讨论合作可能性。邮件需要包括：①公司和个人的介绍，以及合作背景；②我方寻求合作的具体领域和期望达到的目标；③说明为什么选择对方作为合作伙伴，以及潜在的合作优势；④提议安排一次线下会议或电话会议，以进一步讨论合作细节；⑤提供详细的联系方式，并说明希望在何时之前收到回复。请确保邮件内容正式、礼貌，并且能够引起收件人的兴趣和回应。

2.6.4　实战：提供邮件回复

及时、准确地回复邮件是保持良好业务关系的关键。然而，面对复杂多样的邮件内容，快速给出恰当的回复并非易事。通过文心一言，我们可以高效地分析邮件要点，生成合适的回复内容，提升沟通的质量和效率。

场景　　小张是一家企业的销售代表，每天都会收到大量来自客户和合作伙伴的邮件。这些邮件涉及产品咨询、订单确认、合作洽谈等各种事宜。小张需要迅速回复这些邮件，以满足客户需求并推进业务进展。

提示词　　请根据以下一封邮件的内容提供回复。邮件内容："尊敬的小张，我对贵公司的新产品很感兴趣，想了解一下产品的具体功能、价格以及售后服务情况。期待你的回复。"回复应包括：①礼貌的开头问候；②产品功能的详细介绍；③价格说明；④售后服务的阐述；⑤表达期待进一步沟通的意愿；⑥恰当的结尾祝福语。

回答

主题：关于新产品的回复

尊敬的客户：

您好！

非常感谢您对我们公司新产品的关注。以下是关于您所关心问题的详细回复：

一、产品功能介绍

我们的新产品具有以下突出功能：首先，它采用了先进的技术，能够实现高效的数据处理，大大提高工作效率。其次，产品具备智能化的操作界面，简单易用，即使是新手也能快速上手。最后，它还拥有出色的兼容性，可以与多种设备无缝连接，满足您不同的使用需求。

……

最后，祝您生活愉快，事业顺利！期待我们能够建立长期的合作关系。

[你的名字]

[具体日期]

通过使用上述提示词，小张在文心一言的辅助下撰写了一封专业的回复邮件。

提示词进阶

在使用文心一言生成邮件回复时，构建提示词除了一些具体需求，可以要求回复的语气、格式等。如以下提示词示例。

请根据以下邮件内容提供回复。邮件内容："小张，我们之前讨论的合作项目出现了一些问题，希望你能尽快给出解决方案。"回复应包括：①诚恳的开头问候；②对问题的分析和理解；③提出具体的解决方案；④确认下一步的沟通计划；⑤友好的结尾祝福语。同时，要求回复语气积极主动，格式清晰、规范。

2.7 求职招聘

在职场竞争日益激烈的今天，掌握有效的求职技巧至关重要。本节讲述文心一言在求职招聘过程中的多种应用场景，旨在帮助求职者全面提升个人竞争力，顺利找到理想的工作。

2.7.1 实战：求职简历制作

在职场竞争激烈的今天，一份精心准备的求职简历对于求职者来说至关重要。文心一言可以根据个人经历和职位要求，生成针对性强、信息全面且格式专业的简历，帮助求职者在众多候选人中脱颖而出。

场景

张三是一位即将毕业的大学生，他正在准备应聘软件工程师的职位。他需要一份能够准确展示他的技能、经验和教育背景的简历，同时这份简历还需要吸引招聘经理的注意，让他获得面试机会。

提示词

请帮我制作一份求职简历，用于申请软件工程师的职位。简历需要包括以下内容：①个人信息，包括姓名、联系方式和个人简介；②教育背景，列出学位、专业和毕业院校；③工作经验，详细描述工作经历和主要成就；④技能清单，包括编程语言、开发工具和软件技能；⑤项目经验，展示参与过的项目和个人贡献；⑥证书和奖项。

回答

求职简历

个人信息

姓名：张伟　　电话：+86-123-4567-890　　邮箱：zhangwei_****@126.com

地址：北京市海淀区××街道××号

个人简介

拥有超过5年软件开发经验的资深软件工程师，专长于全栈开发与系统架构设计。熟练掌握多种编程语言及前沿技术栈，具备良好的问题解决能力和团队合作精神。热衷于技术创新，致力于通过高质量的代码实现产品的高效迭代与优化，为企业创造最大价值。

……

证书和奖项

Oracle Certified Professional, Java SE 8 Programmer　　获得日期：2016年12月

阿里云ACE认证　　获得日期：2019年6月

根据上述提示词，文心一言生成了一个简历模板，张三根据实际情况调整了模板中的具体内容，如添加更多细节，并根据个人特色进行调整，增强了简历的真实性和吸引力，为成功应聘打下了基础。

提示词进阶

在构建个人简历生成提示词时，也可以提供个人的详细信息，这样生成的个人简历更加准确和真实。如以下提示词示例。

根据下面信息生成一份求职软件工程师职位的简历，要求内容丰富，合理发散。

王五，137-×××-××××，wangwu***@126.com，清华大学软件工程学士，2019年9月—2023年6月；获得国家奖学金，学习绩点3.9/4.0；2022年6月—2022年11月，在百度实习做软件工程师；熟悉Java、C#、Python；个人项目：企业级项目管理系统，获得学校软件设计大赛一等奖。

2.7.2　实战：求职信撰写

求职信是求职者向招聘方表达求职意向和动机的重要文书。文心一言可以帮助求职者根据目标岗位和公司文化，撰写出真诚且有说服力的求职信。

场景

小娜是一名即将毕业的会计学专业大学生，她正在申请一个财务方面的职位。她需要撰写一封求职信，以表达她对职位的热情和自己的职业优势。

提示词

请为一名即将毕业的会计学专业的大学生撰写一封求职信，要求内容包含学历背景、擅长技能、求职岗位、自我评价等。

回答

尊敬的招聘经理：

您好！

我是××大学会计学专业的一名即将毕业的大四学生。得知贵公司正在招聘会计岗位工作人员，我怀着极大的热情和诚意，向您提交我的求职信。

学历背景：在过去的四年里，我在××大学会计学专业接受了系统的会计知识和实践技能训练。

……

　　我非常期待有机会加入贵公司，与团队一起成长，共同实现公司的目标。感谢您阅读我的求职信，期待有机会与您进一步交流。

此致

　敬礼！

　[您的姓名]

　[您的联系电话]

通过使用上述提示词，小娜能够借助文心一言生成一封符合自身情况且针对目标岗位的求职信，从而提高了自己在求职过程中的竞争力。

提示词进阶

　　在使用文心一言撰写求职信时，构建提示词应注意明确目标岗位，准确提供个人相关信息，包括工作经历、技能特长等细节，另外可以给出一些岗位所需的关键技能或素质方向，供文心一言参考。如以下提示词示例。

　　请帮我撰写一封求职信，用于申请一家金融机构的风险管理岗位。信中需要介绍我的个人基本信息、工作经历（包括在金融领域从事风险管理相关工作的经历，详细描述所承担的任务以及项目成果）、技能特长（需详细列出风险管理的相关技能，如风险评估方法、风险控制手段等）、我对风险管理岗位的渴望和我的优势（例如严谨的思维方式和出色的分析能力在风险管理中的体现）。同时，需要表达出我对该企业的文化、产品、服务的了解和尊重。

2.7.3　实战：HR面试模拟

　　面试是求职过程中至关重要的一环，它不仅能够帮助求职者展示自己的能力，还能帮助HR了解求职者是否适合公司和岗位。文心一言可以模拟HR面试，帮助求职者准备面试问题和回答策略。

场景

　　小张是一名求职者，他即将参加一家心仪公司的面试。他希望在面试前进行充分准备，了解可能会被问到的问题以及如何更好地回答。

提示词

　　请模拟HR面试，针对我申请的产品经理面试岗位提出一系列问题，并对我的回答进行简要点评。问题应涵盖个人基本信息、工作经历、技能特长、对岗位的理解和期望等方面。

回答

以下是模拟的HR面试场景：

一、开场

HR：你好，欢迎参加今天的面试。请先简单介绍一下自己吧。

二、个人基本信息

HR：能说一下你的姓名、年龄、学历背景吗？

……

你：我对贵公司的产品有一定的了解，贵公司在行业内有很高的知名度和良好的口碑。我期望在这个岗位上能够继续发挥我的专业能力，带领团队打造出更多优秀的产品，同时也希望能够不断提升自己的管理能力和领导水平，为公司的发展做出更大的贡献。

点评：对公司有了解，并且表达了明确的期望和职业发展规划，显示出你的积极性和上进心。

在文心一言中，用户还可以选择【智能体广场】，在其页面中选择【AI面试官】智能体，输入要面试的岗位，即可开始模拟面试，如下图所示。

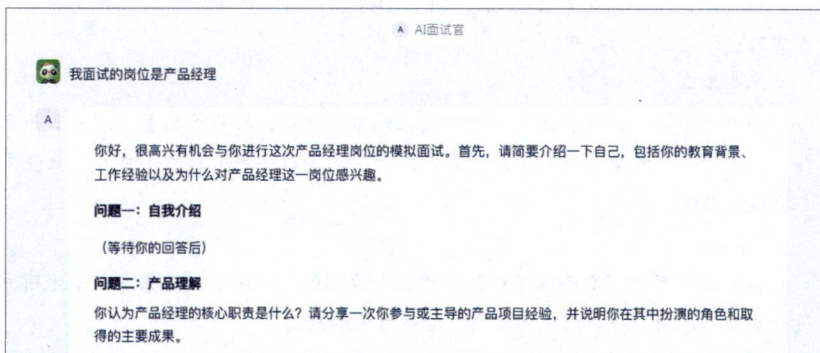

提示词进阶

在使用文心一言模拟HR面试时，构建提示词应注意明确目标岗位和公司特点，准备相关的行为和技术问题，同时可以提供一些个人经验和职业目标，供文心一言参考。如以下提示词示例。

请帮我模拟一次HR面试，用于准备数据分析师的职位面试。模拟面试需要包括：①自我介绍，包括数据分析相关的教育背景和项目经验；②行为面试问题，如团队合作和时间管理；③情景面试问题，如处理数据异常；④技术面试问题，如统计分析和数据可视化；⑤常见面试问题，如对数据分析行业的看法和职业规划。

2.7.4 实战：面试中的笔试问题整理

面试中的笔试环节是许多企业用来评估求职者专业技能的一种方式。通过对过去面试中笔试问题的整理和练习，求职者可以更好地理解面试官的期望并准备相应的应对策略。

场景

孙丽是一位产品设计师，她即将参加一家大型设计公司的面试，该面试包括一个设计项目的笔试环节。为了准备这一环节，她需要了解和练习此类测试通常会涉及的问题。

提示词

请帮我整理面向产品设计师职位的面试笔试问题。请包括以下几个部分：①设计理论和原则的相关问题；②用户界面设计的实际操作题；③设计思维案例分析。确保每个部分都包含练习题和参考答案，以便我可以进行针对性训练。

回答

产品设计师职位面试笔试问题

一、设计理论和原则相关问题

练习题：请简述用户体验设计（UX Design）的五个核心原则，并说明每个原则在实际设计项目中的应用。

参考答案：

用户为中心：设计应围绕用户的需求和期望进行，确保产品易于理解和使用。例如，在设计一个购物应用时，应优先考虑用户的浏览、搜索和购买流程，确保每一步都直观、易懂。

……

在面试过程中，您展现了对设计理论和原则的深入理解，能够清晰阐述用户体验设计的核心原则，并举例说明其在实际项目中的应用。

利用文心一言，孙丽获得了一套全面的面试笔试练习材料，这些材料不仅涵盖设计的各个方面，也极大地提升了她对即将到来的面试笔试的信心。当然，如果作为HR，也可以使用文心一言整理面试的习题。

提示词进阶

在使用文心一言整理面试中的笔试问题时，构建提示词应注意明确目标岗位和所需技能，整理相关的问题和知识点，同时可以提供一些个人经验和学习资源，供文心一言参考。如以下提示词示例。

请帮我整理一份面试中的笔试问题清单，用于准备数据分析师的职位面试笔试。问题清单需要包括：①数据分析基础，如统计学原理和数据挖掘；②数据处理技能，如数据清洗和数据转换；③分析工具使用，如Excel和R语言；④数据可视化，如Tableau和Power BI；⑤业务理解，如市场分析和用户行为分析。请确保问题清单覆盖面广且具有针对性，以便全面准备面试笔试。

2.8 文档处理

随着办公自动化的普及，高效处理文档成为职场人士必备的技能之一。本节详细介绍文心一言在文档处理方面的强大功能。

2.8.1 实战：一键关联百度网盘

文心一言支持将百度网盘中的文件直接导入到平台，极大地简化了用户上传和管理文件的过程，使得用户可以更快捷地访问和处理存储在百度网盘上的各类文档。

步骤 01 单击输入框下方的【上传文档】按钮，如右图所示。

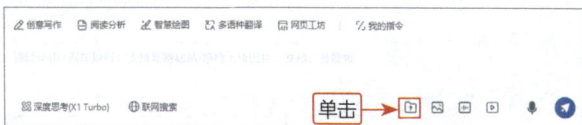

步骤 02 在【我的网盘】选项卡中选择【立即关联】选项，如下图所示。

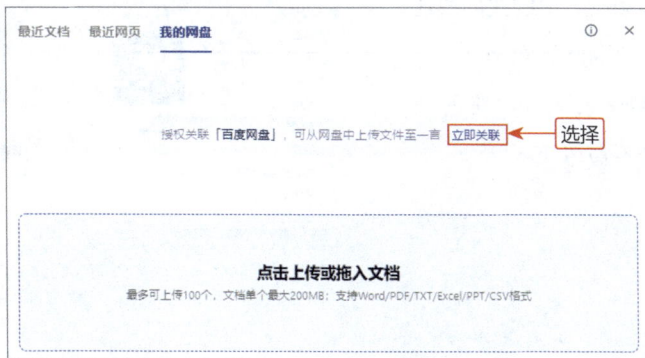

步骤 **03** 在弹出的页面中，单击【立即关联】按钮，如下图所示。

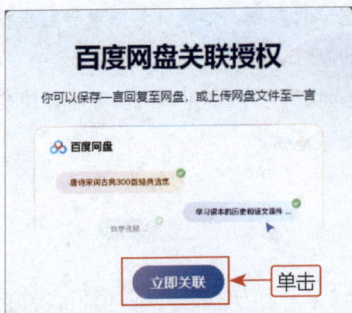

步骤 **04** 百度网盘关联成功后，在【我的网盘】选项卡中即可看到百度网盘中的文件夹。选择要添加的文件，单击【确认】按钮，即可上传该文件，如下图所示。

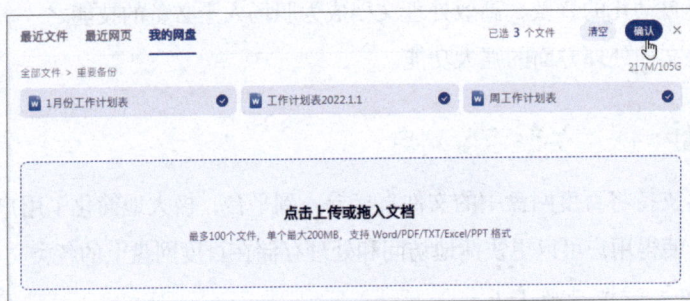

2.8.2 实战：快速解读文档

　　文心一言可以快速解读文档，并提供提问式文档阅读，帮助我们快速理解文章内容，提高阅读效率。

步骤 **01** 选择要解读的文件，将其拖曳至输入框，如右图所示。

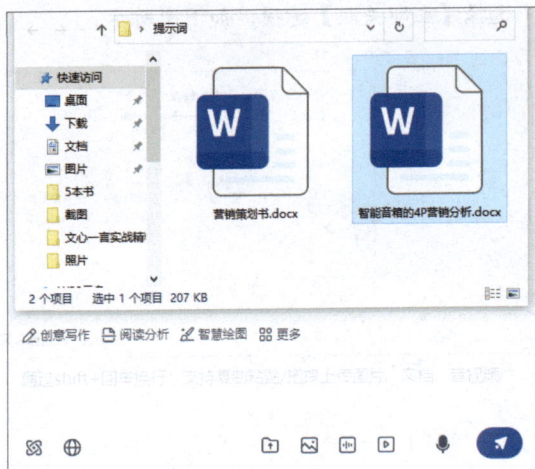

步骤 02 文件上传完成后会显示在输入框中，输入提示词，单击【发送】按钮 ✈，如下图所示。

步骤 03 文心一言会根据提示词对文档进行解读，如下图所示。

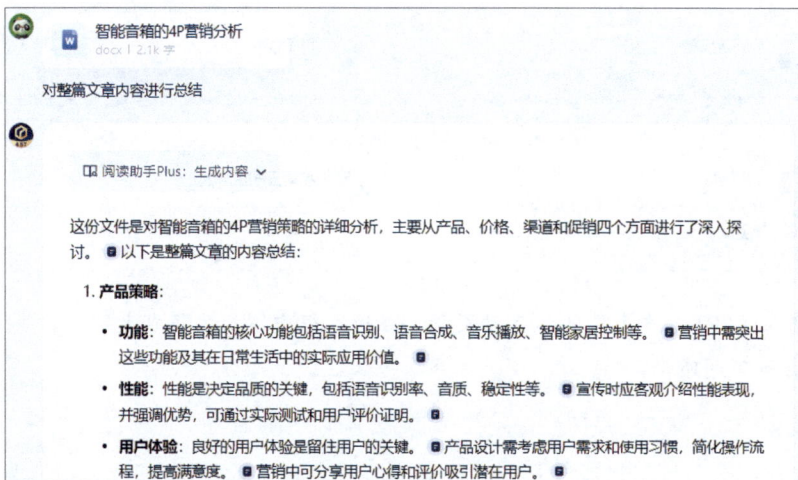

步骤 04 在输入框中输入新的提示词，可以继续解读文档，如输入"根据文档内容生成摘要，字数200字以内"，即可提炼摘要，如下图所示。

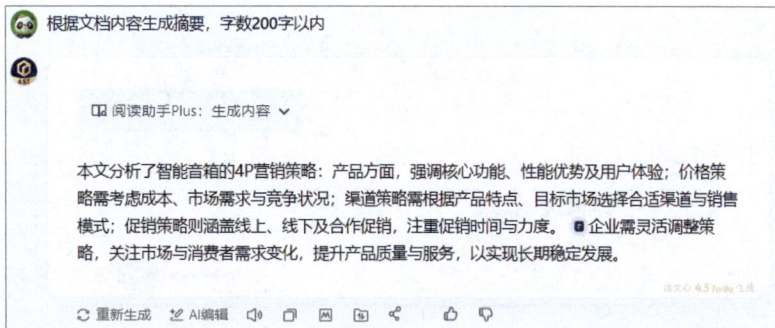

2.8.3 实战：一键生成PPT文档

用户只需提供主题或大纲，文心一言就能自动分析主题或大纲的关键信息，并生成一份完整的演示文稿。

步骤 01 打开【智能体广场】页面，选择【PPT助手】智能体，如下图所示。

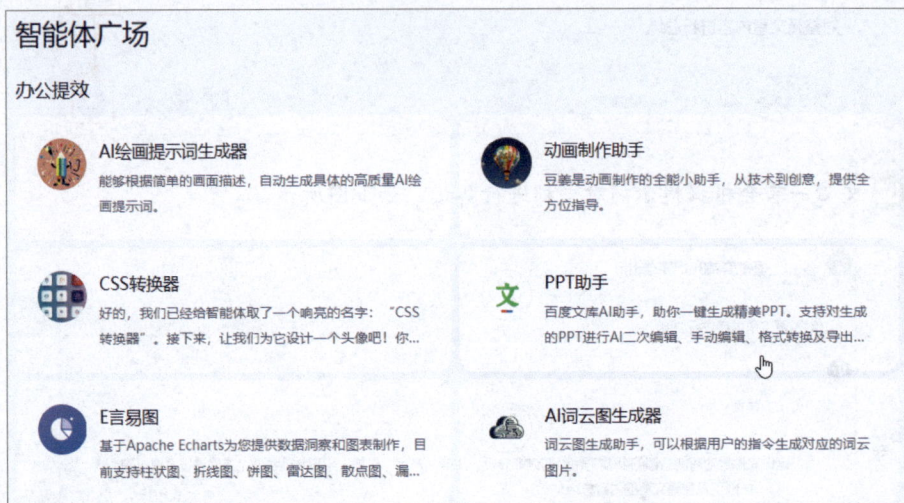

步骤 02 进入【PPT助手】智能体互动页面，在输入框中输入主题或大纲，单击【发送】按钮 ✈，如下图所示。

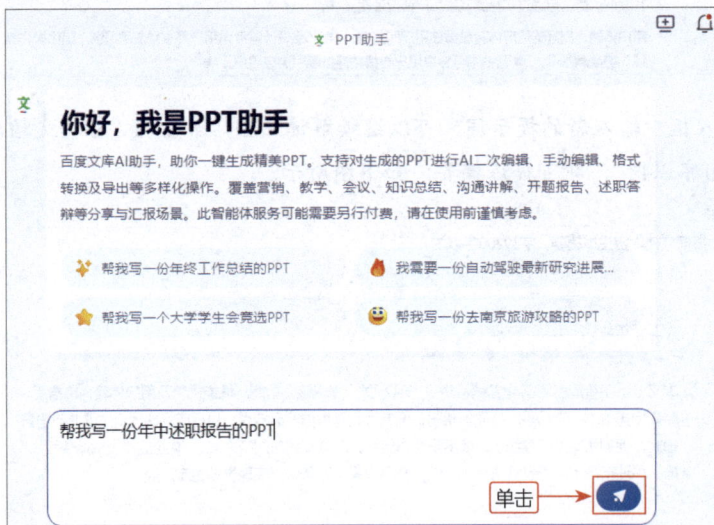

步骤 03 文心一言即可快速生成一份PPT，单击【查看...】按钮，如下图所示。

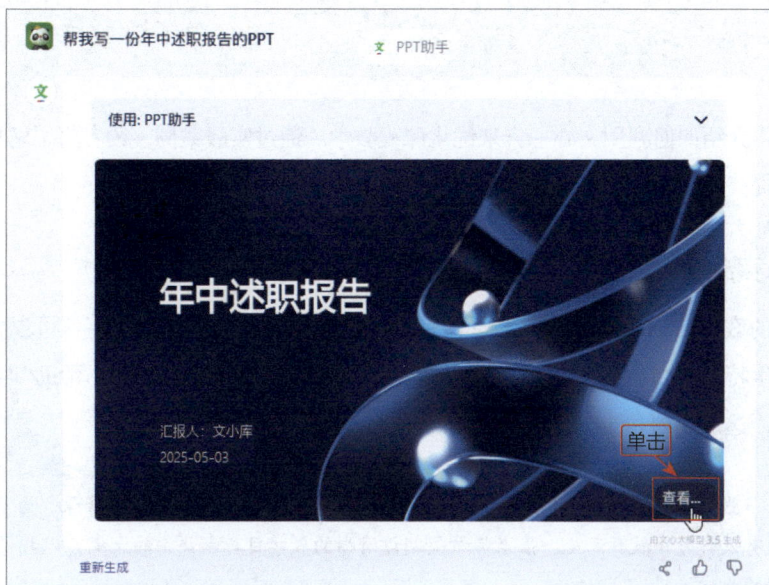

步骤 04 随后即可加载新的页面，如下图所示。

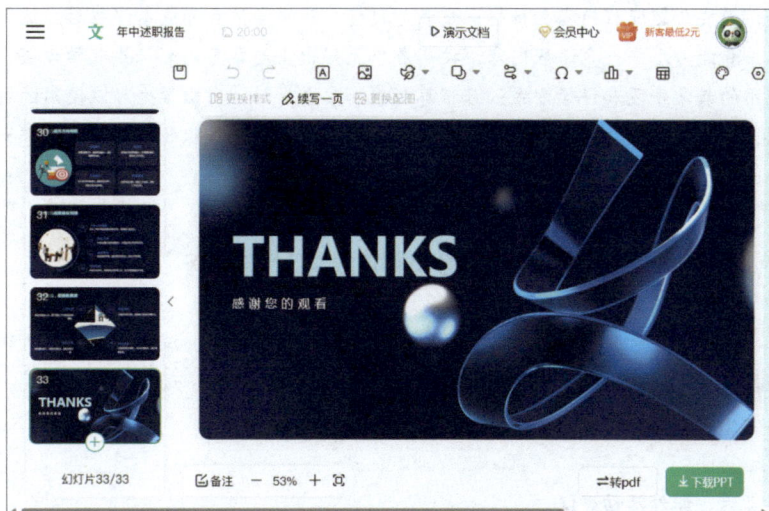

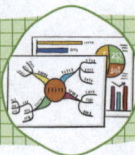

2.9 课程教学

本节将介绍如何利用文心一言来优化课程教学。通过实战案例，读者将了解如何利用技术手段提高教学质量和效率，使教学过程更加系统化和个性化。

2.9.1 实战：制定教学目标与大纲

明确的教学目标和合理的大纲设计是确保教学质量的关键。文心一言可以根据课程内容和学生特点，协助教师制订科学、系统化的教学目标和课程大纲，帮助学生更好地掌握知识，达成学习目标。

场景

张老师是一名中学语文教师，他计划开设一门关于古代文学的选修课。为了使课程更有吸引力和教育意义，张老师希望制订清晰的教学目标和详细的大纲，以指导整个学期的教学活动。

提示词

请帮我制订一份关于古代文学选修课的教学目标与大纲。大纲需要包括：①课程简介，简要介绍课程内容和目标；②教学目标，明确学生在完成本课程后应达到的知识水平和能力水平；③课程内容，按周或单元列出主要学习内容；④教学方法，说明将采用的教学手段和评估方式；⑤推荐教材和参考资料，列出学生可以使用的书籍和资源；⑥课外活动建议，提供一些有助于加深理解和拓展知识的活动。请确保大纲内容全面、结构合理，能够激发学生的学习兴趣。

回答

古代文学选修课教学目标与大纲

一、课程简介

本课程"古代文学探秘"旨在引领学生穿越千年时光，深入探索中国古代文学的璀璨星河。通过系统学习不同历史时期的文学作品、流派、风格及文化背景，旨在培养学生的文学鉴赏能力、历史思维能力及跨文化交流意识。

......

六、课外活动建议

1. 组织古代文学作品朗诵比赛，提高学生对文学作品的感受力。
2. 举办古代文学知识竞赛，激发学生的学习兴趣。

> 3.鼓励学生参观博物馆、古迹等文化场所，加深对古代文学作品背景的理解。
>
> 4.要求学生撰写文学评论或创作古代文学题裁的作品，锻炼文学表达能力。

通过使用文心一言，张老师成功制订了有关古代文学选修课的教学目标与大纲，不仅明确了课程的学习目标，还提供了丰富的教学资源和活动建议，为学生提供了全面的学习支持，增强了课程的互动性和实用性。

提示词进阶

在利用文心一言制订教学目标与课程大纲时，构建提示词应注意详细说明课程的教学目标、特定听众（如学生的背景）、核心教学内容及其他特别的教学要求。如以下提示词示例。

请为我设计一门针对初中生的互动性历史课程教学目标与课程大纲。包括每周的主题、关键事件、互动讨论环节和期望学生达到的思辨能力层级。确保内容引人入胜，能够提高学生的批判性思维能力。

2.9.2 实战：生成教学教案

教学教案是教师实施课程计划的具体指南，它详细描述了每堂课的教学活动、学习资源和时间安排。通过文心一言，教师可以快速生成包含详尽教学步骤和活动设计的教案，有效提升教学效率和质量。

场景

李老师是一名小学数学教师，她即将教授三年级的"分数初步认识"这一节。为了确保教学活动的有效性和趣味性，李老师希望生成一份详细的教案，涵盖教学目标、教学过程、互动环节和作业布置等内容。

提示词

请帮我生成一份关于"分数初步认识"的教学教案。教案需要包括：①教学目标，明确学生在本节课结束后应掌握的知识点和技能；②教学重点和难点，指出本节课的重点内容和可能遇到的难点；③教学过程，按步骤详细描述每个教学环节，包括引入、讲解、练习和总结；④互动环节，设计一些课堂互动活动，如小组讨论、游戏等，以增强学生的参与感；⑤作业布置，提供一些课后练习题，巩固课堂所学；⑥评估方式，说明如何评估学生的学习效果。请确保教案内容具体、操作性强，能够帮助学生轻松理解和掌握分数的概念。

回答

"分数初步认识"教学教案

一、教学目标

1. 知识目标

● 初步认识分数，理解分数的意义，能正确读写简单的分数。

● 知道分数各部分的名称，会比较同分母分数的大小。

......

六、评估方式

● 课堂表现：观察学生在课堂上的参与度、回答问题的准确性和小组讨论的表现。

● 作业完成情况：检查学生课后作业的完成质量。

● 小测验：定期进行小测验，考查学生对分数概念和同分母分数大小比较方法的掌握程度。

通过使用文心一言，李老师获得了一份内容具体、操作性强的教学教案。这份教案不仅涵盖了教学的各个环节，还设计了多种互动活动，使课堂更加生动有趣。

提示词进阶

在使用文心一言生成教学教案时，构建提示词应明确课程的教学目标、学生的预备知识、教学活动的具体内容及所需材料。如以下提示词示例。

请为我创建一份面向高中生的化学实验教案，主题为"化学反应速率"。包括实验目的、所需材料、实验步骤说明、安全注意事项以及实验后的数据分析和讨论问题。确保教案具有教育性、安全性和趣味性。

2.9.3 实战：智能出题

文心一言可以根据特定的知识点，生成多样化的题目，帮助教师进行精准测评，同时为学生提供有针对性的练习，提高学习效果。

场景

王老师正在准备一次数学单元测试，需要针对代数基础这一章出题。她希望生成不同类型的问题，包括选择题、填空题和简答题，以全面评估学生对知识点的掌握情况。

提示词

请根据中学数学的代数基础知识点帮我智能出题。需要包括：①选择题，考查学生对基本概念的理解能力；②填空题，测试学生的应用能力；③简答题，评估学生解决问题的能力。确保题目难度从基础到高级递进。

回答

一、选择题（每题3分，共15分）

1. 下列哪个选项表示的是二次方程的标准形式？

A. $2x+3y=6$

……

20. 已知二次函数 $y=ax^2+bx+c$ 的图像经过点 $A(0,3)$、$B(1,0)$、$C(3,0)$。

（a）求该二次函数的解析式。

（b）根据解析式，求该二次函数的顶点坐标及对称轴。

通过上述提示词，文心一言成功为王老师生成了一系列覆盖不同难度级别的代数问题。这些问题全面覆盖了代数基础的相关知识点，有助于学生全面理解和掌握该章的内容。

💡 **提示词进阶**

在使用文心一言生成练习题时，构建提示词需注意明确知识点范围，可以指定题型及数量，根据学生的实际情况设定题目的难易程度，说明这些题目将用于何种场景，如课堂练习、家庭作业、考试等，以便生成更符合实际需求的题目。如以下提示词示例。

请帮我生成一套关于"力学"章节的练习题。题目需要包括：①选择题（10道），考查学生对基本概念和公式的理解能力；②填空题（10道），测试学生对公式和计算方法的掌握程度；③解答题（5道），评估学生解决实际问题的能力；④综合题（2道），结合多个知识点，考查学生的综合运用能力。请确保题目难度适中，覆盖所有重要知识点，并附带答案和解析。这些题目将用于期末复习和模拟考试。

2.10 代码处理

本节将为读者提供一系列实战技巧，帮助他们更好地理解和运用文心一言在编程中的应用。

2.10.1 实战：代码解读

理解和解读现有代码是程序开发者常见的任务。文心一言可以帮助程序开发者快速理解复杂的代码逻辑，提供详细的注释和解释，提高代码的可读性和可维护性。

场景

李华是一名自学编程的爱好者，最近在学习Python编程。他在网上找到了一段计算平均值的代码，但由于缺乏编程经验，无法完全理解代码的功能和逻辑。

提示词

请帮我解读这段Python代码，提供详细的注释和解释，包括每个函数的作用、变量的含义和代码的整体逻辑。代码如下：

```python
def calculate_average(numbers):
    if not numbers:
        return 0
    total = sum(numbers)
    return total / len(numbers)

data = [1, 2, 3, 4, 5]
result = calculate_average(data)
print(result)
```

回答

当然，以下是对您提供的Python代码的详细解读，包括每个函数的作用、变量的含义以及代码的整体逻辑。

......

运行结果

运行这段代码，输出将是：3.0

这是因为列表 [1, 2, 3, 4, 5] 的平均值为 (1+2+3+4+5)/5=15/5=3.0。

通过该提示词，李华迅速获得了对这段Python代码的全面解释。详细的注释和解释不仅帮助他掌握了代码的功能和逻辑，还为他后续的学习提供了重要的参考。

提示词进阶

在使用文心一言解读代码时，构建提示词应注意提供足够的代码上下文和具体需求，详细描述需要解读的代码段和关注点，同时可以提供一些代码示例和预期的输出，供文心一言参考。如以下提示词示例。

请帮我解读以下代码段，它是一个数据排序的功能。代码需要包括：①功能描述，解释代码的主要作用；②逻辑流程，概述代码的执行顺序和排序算法；③关键变量和函数，指出代码中重要的变量和函数及其作用；④可能的问题和改进建议，分析代码中可能存在的问题并提出改进建议。代码如下：（略）。

2.10.2 实战：代码生成

文心一言可以根据具体的需求和编程语言，生成符合规范的代码，帮助初学者快速实现某些功能，减少手动编码的时间和错误。

场景

> 小刚是一名编程爱好者，正在学习 Web 开发。他需要实现一个用户登录功能，包括前端表单和后端验证逻辑。为了加快学习进度，小刚希望生成一段完整的登录表单验证代码。

提示词

> 请帮我生成一段实现用户登录功能的代码。具体需求如下：①前端部分：使用HTML和JavaScript创建一个登录表单，包含用户名和密码输入框，以及一个提交按钮。表单提交时，需要进行简单的客户端验证，确保用户名和密码不为空。②后端部分：使用Python和Flask框架，创建一个处理登录请求的API。API需要接收前端发送的用户名和密码，进行服务器端验证，并返回相应的响应（如登录成功或失败）。请确保生成的代码符合最佳实践，结构清晰，易于维护。

回答

用户登录功能实现

下面是一个完整的用户登录功能实现，包含前端HTML/JavaScript和后端Flask API代码。

前端部分 (HTML + JavaScript)

```html
1  <!DOCTYPE html>
2  <html lang="zh-CN">
3  <head>
4      <meta charset="UTF-8">
5      <meta name="viewport" content="width=device-width, initial-scale=1.0">
6      <title>用户登录</title>
7      <style>
8          body {
```

这段代码不仅实现了前后端的交互，还包含了详细的注释和说明，可以帮助小刚快速理解和集成到项目中，大大提高了学习效率。

提示词进阶

> 在使用文心一言生成代码时，构建提示词应注意明确功能需求和预期效果，详细描述需要实现的功能和约束条件，同时可以提供一些功能示例和设计思路，供文心一言参考。如以下提示词示例。

请帮我生成一个用户注册功能的代码。代码需要包括：①功能描述，解释代码的主要作用；②输入和输出，说明代码的输入参数和预期输出；③算法逻辑，概述代码的执行流程和用户验证逻辑；④示例代码，提供实现该功能的代码示例。

2.10.3　实战：代码调试

调试（Debug）是编程中不可或缺的一个环节，它帮助开发者发现并修复代码中的错误。

场景　小吴是一名编程爱好者，最近在学习Python编程。他在编写一个简单的计算器程序时遇到了问题，程序在某些情况下会报错，但他无法找到具体的原因。

提示词　请帮我调试这段Python代码，找出代码中的错误，并提供详细的调试建议和解决方案。代码如下：（略）。

回答　您的代码中存在的主要问题是在进行数学运算时，输入的数字被当作字符串处理了。在Python中，直接使用字符串进行加、减、乘、除操作会导致类型错误。因此，您需要将输入的字符串转换为数字（整数或浮点数）后再进行运算。

以下是修改后的代码，包括详细的注释和错误处理：

```python
def simple_calculator():
    print("简单计算器")
    print("支持的操作: +, -, *, /")

```

通过使用文心一言，小吴成功找到了代码中的错误，并得到了详细的调试建议。

提示词进阶

在使用文心一言调试代码时，构建提示词尽量提供完整的代码片段，详细描述代码出现的问题和错误信息，可以提供导致错误的输入和期望的输出及要求详细的调试建议。如以下提示词示例。

请帮我Debug以下代码段，它负责生成用户报告。代码需要包括：①错误描述，说明报告生成失败的问题；②代码审查，分析可能导致生成失败的部分；③调试建议，提供可能的修复措施和测试方法。代码如下：（略）。

2.10.4 实战：代码测试

文心一言可以帮助开发者生成代码的测试用例和测试脚本，并自动化测试过程，提高测试的覆盖率和效率。

场景

赵工是一位移动应用开发工程师，他正在开发一个新的用户注册功能。为了确保功能的可靠性，他需要对这个功能进行全面测试。

提示词

请帮我设计测试用例并执行测试，以验证用户注册功能的正确性。测试需要包括以下内容：①功能描述，说明测试的目标功能；②测试用例，提供详细的输入和预期的输出；③测试脚本，如果有自动化测试，需提供测试脚本示例；④测试报告，描述测试结果和发现的问题。代码如下：(略)。

回答

好的，为了验证用户注册功能的正确性，我们将遵循您提供的步骤，包括功能描述、测试用例、测试脚本以及测试报告。

1. 功能描述

功能描述：用户注册功能用于新用户创建账户。用户需要提供用户名和密码。

……

通过上述测试用例和测试脚本，我们验证了用户注册功能在不同输入情况下的正确性。所有测试均通过，说明功能按预期工作。如果在实际应用中，我们需要考虑更多的边界情况和安全性（如密码强度验证、SQL注入防护等）。

通过使用上述提示词，文心一言帮助赵工设计了测试用例并执行了测试，验证了用户注册功能的正确性，并提供了测试报告。

提示词进阶

在进行代码测试时，构建提示词应注意明确测试目标和测试范围，详细描述测试用例和预期结果，同时可以提供一些自动化测试工具和框架的信息，供文心一言参考。如以下提示词示例。

请帮我设计测试用例并执行测试，以验证商品购买功能的正确性。测试需要包括：①功能描述，说明测试的目标功能；②测试用例，提供详细的商品信息、用户信息和预期输出；③测试脚本，如果有自动化测试，需提供测试脚本示例；④测试报告，描述测试结果和发现的问题。代码如下：(略)。

第3章

学习跃升：文心一言知识赋能站

随着AI技术的飞速发展，文心一言为学习领域带来了革命性的改变。本章将深入探讨如何利用文心一言在学习过程中实现知识获取、互动式学习、学术论文撰写、个人成长规划、育儿助手以及心理健康管理等，助力读者在各个领域实现知识的深度理解和能力的提升，从而在学术和职业发展上取得显著进步。

3.1　知识获取

本节通过实战案例，展示如何利用文心一言深度解析复杂概念、融合跨学科知识以及备考专业技能认证。读者将学会如何借助文心一言，快速吸收并应用新知识，提升自我竞争力。

3.1.1　实战：复杂概念解析

文心一言可以帮助学习者深入解析复杂概念，提供详细的解释和实例，使抽象的概念变得易于理解，从而提高学习效果。

场景

小青是一名金融专业的学生，在学习金融风险管理时，对"风险价值（VaR）"这一复杂概念感到困惑。

提示词

请深度解析"风险价值（VaR）"这个概念，包括它的定义、计算方法，以及它在金融风险管理中的应用和局限性。

回答

以下是对"风险价值（VaR）"的深度解析，包括其定义、计算方法，以及它在金融风险管理中的应用和局限性。

一、定义

风险价值（VaR），即 Value at Risk，是指在正常的市场条件和给定的置信度内，用于评估和计量任何一种金融资产或证券组合在既定时期内所面临的市场风险和可能遭受的潜在最大价值损失。

……

综上所述，VaR模型是金融风险管理中的重要工具，但投资者和金融机构在使用时应充分认识到其局限性，并结合其他风险评估方法来制订更全面、准确的风险管理策略。

文心一言对"风险价值（VaR）"这一复杂概念进行了深度的解析，从而让小青能更好地理解金融风险管理相关知识。

提示词进阶

在使用文心一言解析复杂概念时，构建提示词需明确概念名称，并提供背景信息，同时，明确要求生成的内容，包括基本定义、主要特征、影响、代表人物等，还可要求生成具体的实例和图解，帮助理解抽象的概念。此外，可以在提示词中指定输出格式，如以下提示词示例。

请帮我深度解析文艺复兴这一思想文化运动。解析内容需要包括：①基本定义和背景；②主要特征和影响；③在不同领域的表现，如艺术、文学、科学等；④代表人物及其贡献；⑤与中世纪的区别和联系；⑥对现代社会的影响。请提供详细的解释和实例，使复杂的概念变得易于理解。输出格式为 Markdown。

3.1.2　实战：跨学科知识融合

文心一言可以帮助学习者整合不同学科的知识，生成综合性的学习材料，促进知识的深度理解和创新思维的发展。

场景

小文是一名大三的学生，主修文学，对心理学也有浓厚的兴趣。她希望结合这两个领域的知识，探索文学作品中的心理分析，但不知道从何入手。

提示词

请帮我生成一份关于文学作品中的心理分析的跨学科学习材料。材料需要包括：①文学作品中的心理分析的基本概念和定义；②心理学在文学分析中的应用，如人物心理描写、情节发展等；③具体的文学作品分析案例，如《红楼梦》中的人物心理描写；④文学作品中的心理分析方法和技术，如精神分析、认知心理学等；⑤学习文学作品中的心理分析的资源和工具推荐。请确保材料内容全面、结构合理，能够帮助初学者入门。

回答

文学作品中的心理分析跨学科学习材料

一、文学作品中的心理分析基本概念和定义

文学作品中的心理分析是指对文学作品中人物的心理世界、心理行为和心理过程进行深入研究和分析。

……

Python：这是一种简单易学的编程语言，也被广泛应用于心理学研究中的数据分析。Python 具有丰富的统计分析库和数据处理工具，可以满足研究者的不同分析需求。

通过以上资源和工具的学习和实践，初学者可以逐步掌握文学作品中的心理分析方法和技巧，为深入理解和欣赏文学作品提供有力支持。

这份材料不仅涵盖了文学作品中的心理分析的基本概念和主要应用，还提供了具体的分析案例和学习资源，对小文进行跨学科的知识学习提供了帮助。

提示词进阶

在使用文心一言进行跨学科知识融合探索时，构建提示词应注意明确需要融合的学科领域，详细描述探索的目标和方向，同时可以提供一些个人的研究方向和兴趣点，供文心一言参考。如以下提示词示例。

请帮我探索心理学与市场营销的跨学科知识融合。探索需要包括：①学科概述，分别介绍心理学和市场营销的基本概念；②交叉领域，阐述两者可能的交叉领域和研究方向；③实际应用，提供心理学原理在市场营销策略中的应用案例；④未来趋势，讨论心理学在消费者行为分析中的新进展。

3.1.3　实战：专业技能认证备考

专业技能认证考试是职业发展中的重要环节，它有助于提升个人能力，获取行业认可。文心一言可以辅助学习者制订学习计划，提供学习资源和模拟测试，以提高备考效率。

场景

小李是一位正在准备项目管理专业人士资格认证（Project Management Professional, PMP）考试的项目经理。他需要系统地复习大量的项目管理知识，并掌握最新的考试趋势和技巧。由于工作繁忙，他希望找到一种高效的学习方法来最大化他的备考效率。

提示词

请帮我制订一个全面的PMP认证备考计划。包括以下内容：①提供一份详细的知识点复习清单，涵盖所有必要的项目管理领域；②设计一套模拟测试题，帮助我熟悉考试格式和适应时间压力；③推荐一些高质量的学习资料和在线课程，以增强我的理解和应用能力；④提供一个时间管理计划，确保我能够有效地平衡工作和学习。

回答

PMP认证备考计划

一、详细的知识点复习清单

1.项目管理五大过程组

- 启动过程组

- 规划过程组

......

通过以上备考计划，你将能够系统地复习PMP考试所需的知识点，熟悉考试格式和时间压力，并利用高质量的学习资料和在线课程增强理解和应用能力。同时，合理的时间管理计划将确保你能够有效地平衡工作和学习，为顺利通过PMP考试打下坚实的基础。

通过使用上述提示词，文心一言帮助小李准备了PMP认证考试备考计划，不仅提供了全面的学习资源和练习题目，还制订了学习计划和考试策略。

提示词进阶

在使用文心一言进行专业技能认证备考时，构建提示词应注意明确考试的名称和要求，详细描述需要准备的内容和个人的学习偏好，同时可以提供一些个人的基础知识和学习目标。如以下提示词示例。

请帮我准备注册会计师（CPA）认证考试。备考需要包括：①考试大纲，提供CPA考试的知识点概览；②学习资源，推荐相关的在线课程和专业论坛；③练习题目，提供模拟题和案例分析；④学习计划，制订一个学习进度安排；⑤考试策略，给出多选题的解题技巧和考试时间分配建议。请确保备考材料覆盖最新的考试内容，并适合我这种有一定基础但需要系统复习的学习者。

3.2 互动式学习

互动式学习能够显著提高学习的参与度和效果。本节介绍如何通过文心一言实现问答式学习、情景模拟、语言翻译和外语口语练习等多种互动学习方式。

3.2.1 实战：实现问答式学习

文心一言可以实现问答式学习，帮助学习者快速获得准确的答案，解决学习中的困惑，提升学习体验和效果。

场景　小周是一名高中生，他在学习生物和化学时，遇到了诸多疑难问题，需要查找资料解决疑问。

下面通过【智能体广场】中的"生物化学学习助手"，进行问答式学习，以解决学习中存在的问题。

步骤 01 打开【智能体广场】页面，选择【生物化学学习助手】智能体，进入其页面，如下图所示。

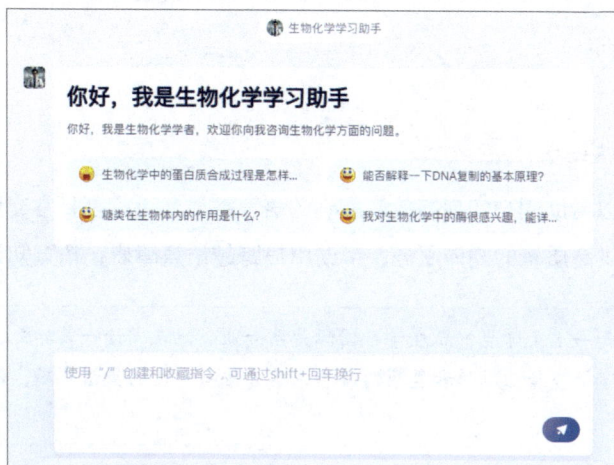

步骤 02 在输入框中输入问题，即可进行互动，如果智能体解释的问题不清楚，还可以继续追问，如下图所示。

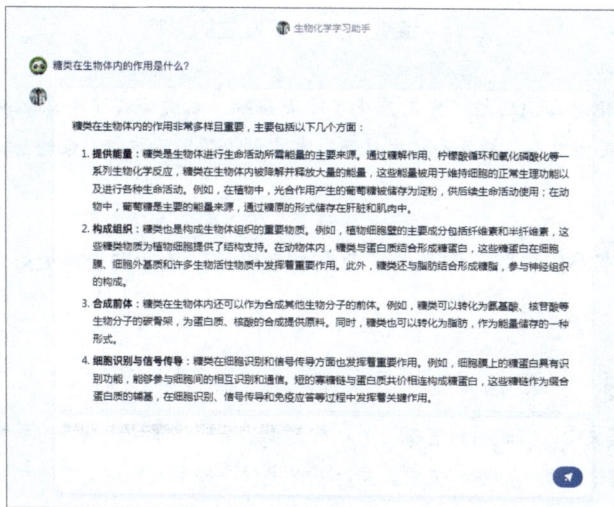

通过使用文心一言的智能体，小周提升了学习效率，深化了对知识的理解程度。

如果没有所需知识点的智能体，可以通过提示词，为文心一言指定一个角色，进行互动。例如下面的示例。

你是一位宏观经济学专家。请针对我提出的经济学方面的问题，给出准确、专业的答案。请确保你的回答清晰、易懂，并尽量使用通俗易懂的语言。如果你明白，请回复：1。

3.2.2　实战：实现语言翻译

文心一言可以帮助用户实现高效、准确的语言翻译，无论是日常交流还是专业文献的翻译，都能提供高质量的翻译服务，帮助用户跨越语言障碍，拓宽知识视野。

场景

小锋是一名大学生，正在学习国际关系专业。他在阅读一篇英文的政治经济学论文时遇到了很多专业术语和复杂的句子，尽管他有一定的英语基础，但仍然感到困难重重。

提示词

请帮我将这篇英文的政治经济学论文翻译成中文，请提供详细的翻译，并保持原文的专业性和准确性。论文如下：（略）

回答

全球化对经济发展的影响

摘要：

全球化对各国的经济发展产生了重大影响。本文审视了全球化的积极和消极影响，重点关注贸易、投资和技术转移。本文讨论了国际组织在促进全球经济一体化中的作用。

翻译后的文本不仅保留了原文的专业性和准确性，还帮助小锋更好地理解和吸收了论文的内容。

在使用文心一言进行语言翻译时，构建提示词应注意明确翻译的语种和内容，详细描述需要翻译的文本和翻译要求，同时可以提供一些个人的沟通目的和背景信息，也可以对翻译后的文本进行润色和调整。如以下提示词示例。

请帮我翻译以下法语文本，并提供商务沟通的建议。翻译需要包括：①文本翻译，将法语文本翻译成英文；②专业术语，确保行业特定术语的准确翻译；③沟通策略，根据翻译内容提供商务沟通的策略和建议；④文化差异，指出在与法国合作伙伴沟通时需要注意的文化差异。请确保翻译准确，能够帮助我有效地与合作伙伴进行商务洽谈。法语文本：(略)。

3.3 学术论文

撰写高质量的学术论文是学术研究的重要环节。本节通过实战案例，讲解如何利用文心一言协助科研选题开发、文献综述与资料搜集、论文框架设计以及论文内容检查和校对。

3.3.1 实战：科研选题开发

场景

小张是一名研究生，他正在为自己的硕士论文选题而烦恼。他所在的专业是生物学，他希望能找到一个既有研究价值又具有一定创新性的选题，但他不确定从哪些方面入手。

提示词

请根据生物学专业知识，为我推荐一些适合硕士论文的选题，要求具有一定的创新性和研究价值。

回答

在生物学领域，硕士论文选题应当具有一定的创新性和研究价值，以体现学术前沿和实际应用意义。以下是一些结合当前生物学研究热点和趋势的选题建议。

一、合成生物学相关选题

1.合成生物学在生物能源生产中的应用：合成生物学通过设计和构建新型生物系统，为生物能源的生产提供了新的途径。该选题可以探讨合成生物学在生物能源生产中的应用现状、挑战与前景。

......

在选择具体选题时，建议结合自己的兴趣和专业背景进行深入思考和调研。同时，也要注意选题的可行性和实际操作难度，确保能够顺利完成硕士论文的写作。

通过使用上述提示词，小张能够借助文心一言获得一些潜在的科研选题，为他的硕士论文选题提供了参考，帮助他迈出科研的重要一步。

提示词进阶

在使用文心一言协助科研选题开发时，构建提示词应注意明确研究领域、具体的科研目标以及所需的支持程度（如数据量、预算等）。如以下提示词示例。

请帮我提供一个材料科学领域的科研选题。选题需要包括：①研究背景，介绍选题在新材料开发中的重要性；②研究现状，概述当前材料科学的研究热点；③创新点，指出建议选题的创新性和潜在应用；④可行性分析，评估选题的研究资源需求和实验条件。

3.3.2　实战：文献综述与资料搜集

文献综述和资料搜集是科研工作及论文写作的基础，文心一言可以辅助用户进行文献综述和资料搜集，提高研究或论文写作的效率。

场景

李华正在撰写关于"大数据在金融风险管理中的应用"的论文。他需要进行详细的文献综述和资料搜集，但面对大量的文献和资料，感到无从下手。他希望能够有一个便捷的方式来获取高质量的文献和资料，以便顺利完成论文写作。

提示词

请帮我进行关于"大数据在金融风险管理中的应用"的文献综述和资料搜集。需要包括以下内容：①研究背景：介绍大数据在金融风险管理中的重要性和研究背景。②现有研究：总结当前关于大数据在金融风险管理中的主要研究成果，包括关键技术和应用场景。③未解决的问题：列举当前研究中的未解决的问题和挑战。④高质量文献：推荐几篇相关的高质量文献，供参考和深入研究。⑤数据来源：提供可用于研究的数据来源和数据库，如公开的金融数据集。

回答

文献综述：大数据在金融风险管理中的应用

1.研究背景

大数据在金融风险管理中的重要性不言而喻。随着金融行业的不断发展和创新，风险管理变得日益复杂和关键。传统的风险管理方法已经不能满足金融机构对风险的快速识别和有效应对的需求。

……

这些数据和文献资源可以为研究大数据在金融风险管理中的应用提供有力的支持。通过深入分析这些数据和文献，可以进一步探索大数据技术在金融风险管理中的潜力和挑战。

文心一言提供的研究背景、现有研究成果、未解决的问题和高质量文献，帮助李华全面了解了该领域的现状，推荐的数据来源也为他的实证研究提供了宝贵的数据支持。

提示词进阶

在使用文心一言进行文献综述和资料搜集时，构建提示词应注意明确研究主题和资料类型，详细描述研究目的和资料需求，同时可以提供一些个人的研究方向和偏好，供文心一言参考。如以下提示词示例。

请帮我搜集有关可持续能源发展对环境影响的文献和资料。文献综述和资料搜集需要包括：①文献清单，提供环境科学和能源政策领域的主要文献；②研究趋势，概述当前可持续能源研究的新动向；③数据资源，搜集与可持续能源项目和环境影响评估相关的数据；④研究方法，推荐适用于环境影响评估的定量和定性分析方法。

3.3.3 实战：论文框架设计

在撰写学术论文时，设计一个层次清晰、逻辑严谨的论文框架是确保论文质量和可读性的关键。文心一言可以辅助设计论文框架，提供详细的结构建议和写作指导。

场景

小雨是一名研究生，正在撰写一篇关于城市化进程对社区结构影响的硕士论文。她已经确定了研究课题，但对如何设计论文框架感到困惑。

提示词

请帮我设计一篇关于"城市化进程对社区结构影响"的论文框架。框架设计需要包括以下内容：①引言部分，概述研究背景和研究问题；②文献综述，总结相关研究的主要发现和理论；③研究方法，描述研究设计、数据来源和分析方法；④结果分析，说明研究发现和数据分析结果；⑤讨论，对研究结果进行解释和讨论；⑥结论，总结研究的主要发现和政策建议。

回答

城市化进程对社区结构影响的论文框架

1.引言

1.1 研究背景

城市化作为现代社会发展的重要特征之一，是指人口从农村地区向城市地区转移的过程。随着全球城市化趋势的加速，城市化进程对社区结构产生了深远影响。

......

6.3 研究贡献与未来展望

阐述本研究的贡献与不足，展望未来研究的发展方向和潜在价值。

通过使用上述提示词，文心一言辅助小雨设计了一个结构化的论文框架，不仅确保了论文内容的逻辑性，还提供了清晰的写作指导。

提示词进阶

在使用文心一言进行结构化论文框架设计时，构建提示词应注意明确研究主题和论文类型，详细描述研究目的和预期结构，同时可以提供一些个人的研究方向和偏好，供文心一言参考。如以下提示词示例。

请帮我设计一篇关于"气候变化对农业生产影响"的论文框架。框架设计需要包括：①引言部分，介绍气候变化的背景和对农业的重要性；②文献综述，评述气候变化与农业生产相关研究的现状；③研究方法，分析将采用的气候模型和农业产出数据；④结果分析，展示模型预测的结果和可能的影响；⑤讨论，探讨结果对农业政策制定的意义；⑥结论，提出研究的主要发现和未来研究方向。

3.3.4 实战：论文内容检查和校对

在论文完成的最后阶段，详尽的检查和校对工作是必不可少的。这一过程涉及语法、拼写、标点以及格式等多个方面的校正，确保论文的专业性和可读性。

场景

小伟的论文已经完成初稿，但在提交最终版本之前，他需要进行仔细的校对工作以确保没有错误。此时，他可以将论文文档上传至文心一言，并下达下述提示词。

提示词

请帮我全面校对我的论文草稿。需要你做到：①检查并纠正文本中的语法和拼写错误；②确认所有的图表和引用都已经正确标注并且格式统一；③审查论文的整体结构是否符合学术规范。

回答

论文校对报告

一、语法和拼写错误检查与纠正

1.前言

"现今插画作为视觉传达设计的一个组成部分" → 正确

> "以其直观的形象性、真实的生活感和美的感染力" → 正确
>
> ......
>
> **四、总结**
>
> 经过全面校对，论文在语法、拼写、图表和引用标注以及整体结构方面均已符合论文规范。建议根据以上校对结果进行修正后，即可提交发表。

通过上述提示词，文心一言提供的详细修改建议和格式规范帮助小伟纠正了语法和拼写错误，确保了论文的逻辑性和连贯性。小伟根据反馈进行修改之后，再对论文进行最终核实和审查，即可确保无误。

提示词进阶

在使用文心一言进行论文检查和校对时，构建提示词应注意明确论文主题和提交要求，详细描述需要检查和校对的内容和重点，同时可以提供一些个人的写作习惯和常见错误，供文心一言参考。如以下提示词示例。

请帮我检查和校对以下论文内容，主题为"AI在医疗领域的应用"。检查和校对需要包括：①语言校正，修正可能的语法和拼写错误；②格式校对，确保符合APA格式要求；③引用核查，检查引用的文献是否最新且相关；④逻辑检查，分析论文的论证逻辑是否严密；⑤专业术语，确保医疗和AI领域的术语使用恰当。请特别注意论文中的数据表述和分析结果的准确性。

3.4 成长规划

个人成长规划对于职业发展具有重要意义。本节通过实战案例，讲述如何利用文心一言精准诊断学习短板、制订学习计划以及提供职业规划与发展建议。

3.4.1 实战：发现学习短板

文心一言可以帮助学习者全面评估自己的学习状况，识别存在的问题和不足，提供具体的改进建议，确保用户能够在薄弱环节上取得突破。

场景
　　小李是一名大学生，他感觉自己在高等数学的学习上存在问题，但不清楚具体的短板在哪里。他希望能够有一个便捷的方式来全面评估自己的学习状况，找出存在的问题和不足。

提示词
　　我是一名大学生，目前正在学习高等数学，请根据我提供的数学学习情况，诊断我的学习短板，包括知识掌握、学习方法、学习习惯等方面，接下来我将提供我的大致学习表现及考试成绩等。

回答
　　当然，很高兴能帮助你分析高等数学学习中的短板。为了更好地给出建议，我会基于你接下来提供的学习表现、考试成绩等信息进行综合分析。不过，在没有具体数据之前，我可以先列出一些常见的高等数学学习短板及其对应的诊断方法，你可以根据自己的实际情况进行对照。

　　……

　　现在，请根据你个人的学习表现（如平时作业完成情况、课堂参与度）和考试成绩（期中、期末考试成绩，特别是失分点），对照上述方面进行自我诊断。例如，如果你发现自己在应用题上失分较多，可能是理论与实践脱节；如果总是在最后冲刺复习，可能是拖延症作祟。希望这些分析能帮助你识别并改进学习中的短板。

　　此时，小李即可将学习表现、考试成绩等相关信息发送给文心一言，以便得到准确的评估，给出具体的改进建议。

提示词进阶

　　在使用文心一言进行精准诊断学习短板时，构建提示词应注意明确学习科目和具体问题，详细描述学习者当前的学习状况和遇到的困难，同时可以提供一些个人的学习习惯和测试结果，供文心一言参考。如以下提示词示例。

　　请帮我精准诊断英语学习的短板。诊断需要包括：①语言技能，分析我在听、说、读、写各方面的能力水平；②词汇量，评估我的英语词汇掌握情况；③语法运用，总结我在英语语法运用中的常见错误；④改进建议，提供提升英语能力的个性化学习计划。

3.4.2　实战：制订学习计划

　　确定了学习短板后，制订一个有针对性的学习计划是提升效率的重要步骤。文心一言可以帮助学习者根据自身的需求和目标，制订详细的学习计划。

场景

　　李同学是一名备考全国大学英语六级的大学生，希望通过系统的复习顺利通过考试。了解到自己词汇量不足和听力理解较弱后，她希望得到一个量身定制的学习计划，以最高效的方式提高这两个方面的能力。

提示词

　　请根据我的英语六级考试需求，为我制订一个学习计划。需要你做到：①针对词汇量不足和听力理解弱的问题，提供具体的学习活动和材料；②设定合理的学习时间表和复习周期；③监控学习进度，并根据实际进展调整学习计划。确保这个计划能够帮助我有效地提高成绩，顺利通过英语六级考试。

回答

英语六级考试学习计划

一、学习目标明确

- 主要目标：提高词汇量和听力理解能力，以顺利通过英语六级考试。
- 次要目标：增强阅读理解、写作及翻译能力，确保考试准备全面。

……

- 保持积极心态：设定小目标，每达成一个给予自己奖励，保持学习动力。
- 健康作息：保证充足的睡眠，适量运动，保持良好的身体状态。

遵循此计划，结合个人实际情况适时调整，相信你能够有效提升英语能力，顺利通过英语六级考试。加油！

　　通过上述提示词，文心一言为李同学制订了一个全面的英语六级学习计划，特别强化了词汇和听力部分的学习。

提示词进阶

　　在使用文心一言制订学习计划时，构建提示词应注意明确学习目标和个人时间安排，详细描述学习需求和偏好，同时可以提供一些个人的学习成果和期望，供文心一言参考。如以下提示词示例。

　　请为我制订一个3个月内提高编程能力的在线学习计划，重点关注Python语言的数据科学应用。需包含推荐的课程、项目练习和评估方法，并考虑我每周最多投入10小时的学习时间。

3.4.3　实战：提供职业规划与发展建议

　　在个人成长过程中，职业规划是至关重要的。它能够帮助我们明确职业方向，制订合理的发展路径，从而更好地实现个人价值和职业目标。

场景　小史是一名工作了5年的市场营销专员，他希望对自己的职业生涯进行规划，以便在未来几年内实现职业晋升或转型。他需要文心一言帮助他分析当前的市场趋势，并提供职业发展建议。

提示词　请帮我进行职业规划，并提供发展建议。职业规划需要包括以下内容：①个人评估，分析我的工作经验、技能和兴趣；②行业趋势，介绍市场营销领域的最新发展趋势和市场需求；③职业目标，设定短期和长期的职业发展目标；④发展策略，提供实现职业目标的具体策略和行动计划；⑤转型建议，如果我考虑职业转型，提供可能的领域和准备工作。

回答

职业规划

①个人评估

工作经验：假设您拥有5年市场营销领域的工作经验，期间参与过多个项目的策划与执行，包括市场调研、品牌推广、数字营销等。您熟悉市场分析工具，如SWOT分析、PEST分析，并有成功提升品牌知名度和市场份额的案例。

……

通过上述规划，您可以系统地提升自己的专业能力，紧跟行业趋势，同时保持对未来职业路径的灵活性和开放性，为职业生涯的长远发展打下坚实的基础。

通过使用上述提示词，文心一言帮助小史进行了职业规划，并提供了发展建议，不仅考虑了他的个人情况，还结合了行业趋势和市场需求。

提示词进阶

在使用文心一言进行职业规划与发展建议时，构建提示词应注意明确个人的职业背景和发展方向，详细描述个人的职业兴趣和目标，同时可以提供一些个人的职业成就和挑战，供文心一言参考。如以下提示词示例。

请帮我进行职业规划，并提供发展建议。职业规划需要包括：①个人评估，分析我的编程技能、项目管理经验和对AI的兴趣；②行业趋势，介绍IT和技术领域的最新发展趋势和未来机会；③职业目标，设定成为技术团队领导者的短期和长期目标；④发展策略，提供提升我的技术领导力和团队管理能力的具体策略；⑤转型建议，我考虑从技术开发转向产品管理，提供必要的技能学习和实践经验。请确保建议符合当前市场的需求，并能够帮助我实现职业成长。

3.5 育儿助手

育儿是一项充满挑战的任务，需要家长投入大量的时间和精力。本节通过实战案例，介绍如何将文心一言作为育儿助手，完成包括儿童故事创作以及辅导孩子作业等方面的育儿任务。

3.5.1 实战：儿童故事创作

文心一言可以帮助家长和教育工作者创作有趣、富有教育意义的儿童故事，提供丰富的故事情节和角色设定，激发孩子的兴趣和创造力。

场景　小文是一位母亲，她希望在孩子睡觉前给孩子讲一个有趣的故事，这个故事要围绕勇敢和友谊的主题，适合3~5岁的孩子。

提示词　请创作一个适合3~5岁孩子的儿童故事，主题是勇敢和友谊。故事要简单易懂，语言生动有趣，具有教育意义。

回答

勇敢的小兔子和忠诚的小狗

在一片阳光穿透树梢的森林里，住着一只名叫跳跳的小兔子和一只名叫汪汪的小狗。他们是形影不离的好朋友，每天都在一起玩耍、探险。

······

故事启示：小朋友们，这个故事告诉我们：勇敢不是不害怕，而是在害怕的时候还能坚持去做正确的事情。而友谊则是我们最宝贵的财富，有了朋友的陪伴和支持，再大的困难也能克服。所以，让我们都学会勇敢，珍惜友谊吧！

通过使用上述提示词，文心一言生成了一个符合要求的儿童故事，为孩子的睡前时光增添乐趣和教育价值，为小文的育儿提供了帮助。

提示词进阶

在进行儿童故事创作时，构建提示词应注意明确目标年龄段和教育目的，详细描述故事的主题和风格，同时可以提供一些个人的教育观念和价值观。如以下提示词示例。

请帮我创作一个适合8岁儿童的教育故事。故事需要包括：①科学主题，围绕自然界的奥秘或科学原理展开；②探险情节，设计一系列探险和发现的情节；③互动元素，加入问题或谜题让孩子参与思考；④教育元素，融入科学探索的方法和团队合作的重要性。

3.5.2 实战：孩子作业辅导

文心一言可以帮助家长高效地辅导孩子的作业，提供详细的解题思路和方法，确保孩子在学习过程中遇到的问题能够得到及时解决，提升孩子的学习效果和自信心。

场景　　李先生发现他的孩子在数学作业上遇到了困难，特别是关于分数的加减运算，他希望给孩子提供一些解题思路和学习方法。

提示词　　请帮助我的孩子理解和掌握分数的加减运算。要求：①使用清晰、易懂的方式解释分数的概念，确保孩子能够轻松理解。②提供几个典型的加减运算例子进行讲解，帮助孩子更好地掌握分数加减运算的技巧。③确保孩子能够独立完成类似题目，以巩固和加深他们对分数加减运算的理解和掌握。请确保你的讲解和示例题目都适合孩子的年龄和认知水平，并尽量使用简单易懂的语言。

回答

分数的概念讲解

什么是分数？

分数是用来表示一个整体被分成若干相等部分后，取其中几部分的一种数。分数由两部分组成：分子和分母。

- 分子：表示我们取了多少个部分。
- 分母：表示整体被分成了多少个部分。

……

希望这些讲解和练习题能帮助您的孩子更好地理解和掌握分数的加减运算！

通过上述提示词，文心一言以一种清晰且互动的方式帮助李先生的孩子理解了分数的加减运算。

提示词进阶

在辅导孩子作业时，构建提示词应注意明确学习科目和具体问题，详细描述孩子遇到的困难和需求，同时可以提供一些孩子的学习习惯和成绩情况。如以下提示词示例。

请帮我辅导孩子完成初中一年级的英语作业。辅导需要包括：①语法解析，提供英语语法题目的详细解析和使用方法；②词汇学习，介绍有效的词汇记忆方法和扩展词汇量的建议；③听力练习，推荐一些适合孩子水平的英语听力材料；④口语交流，提供一些鼓励孩子进行英语口语实践的技巧和活动。

3.6　心理健康

心理健康对于个人的幸福感和生活质量至关重要。本节通过实战案例，讲述如何利用文心一言缓解工作压力、辅助情绪管理与自我调节。

3.6.1　实战：缓解工作压力

在现代社会，无论是学生还是职场人士，都面临着各种各样的压力。对于职场人士来说，持续的工作压力可能会影响心理健康。

场景　小张是一名职场新人，刚刚进入一家大型企业工作。面对高强度的工作任务和快节奏的工作环境，他感到压力巨大，不知如何缓解。

提示词　请为职场新人提供一些缓解工作压力的方法，适用于像我这样刚刚进入职场，面临高强度工作任务的情况。

回答　作为职场新人，面对高强度的工作任务时，确实容易感到压力巨大。以下是一些实用的方法，帮助你缓解工作压力，更好地适应职场环境。

合理规划时间：

1.使用日历或时间管理应用来规划每日的工作计划，确保每项任务都有明确的时间分配。

2.区分紧急与重要任务，优先处理重要且紧急的事项。

……

记住，职场新人适应新环境需要时间，不要对自己过于苛刻。通过上述方法，你可以逐步学会管理压力，享受职场成长的乐趣。加油！

通过使用上述提示词，小张借助文心一言获得了缓解工作压力的方法，有助于他更好地适应职场生活，保持心理健康。另外，用户也可以与文小言采用通话的形式进行沟通，来缓解自己的压力。

提示词进阶

构建提示词时应注意明确压力来源和自身情况，如有可能应提供一些个人的兴趣爱好或偏好。如以下提示词示例。

请为一名在互联网公司工作的职场新人提供缓解工作压力的方法。我平时喜欢运动和阅读，希望能得到一些结合这些爱好的压力缓解建议。

3.6.2 实战：辅助情绪管理与自我调节

文心一言可以帮助用户学习和实践情绪管理与自我调节的方法，提供实用的技巧和活动，确保他们能够在高压环境下保持积极的心态和稳定的情绪。

场景

小王在工作中经常因为与同事的沟通问题而感到焦虑和愤怒。他意识到自己的情绪管理存在问题，但不知道如何改善。

提示词

请为我提供一些职场中情绪管理和自我调节的方法，特别是在与同事沟通出现问题时，如何控制自己的情绪。

回答

在职场中，情绪管理和自我调节是至关重要的技能，特别是在与同事沟通出现问题时，能够控制自己的情绪更是避免冲突、维护良好工作关系的关键。以下是一些实用的情绪管理和自我调节方法。

一、情绪管理

1.认识情绪

● 了解情绪反应：关注自己的身体感受和心理感受，如心悸、呼吸急促等身体反应，或情绪低落、情绪波动等心理反应，以便及时识别自己的情绪状态。

● 区分情绪类型：情绪可以分为积极的和消极的两类，比如愤怒、焦虑、快乐和悲伤等。识别和理解自己的情绪是情绪管理的第一步。

……

通过以上方法，你可以更好地管理自己的情绪，并在与同事沟通出现问题时保持冷静和理性，从而维护良好的工作关系。

通过使用上述提示词，文心一言不仅为小王提供了情绪识别和表达的方法，还介绍了自我调节技巧和职场人际关系的建议。

提示词进阶

构建提示词时应注意明确具体的情绪问题场景和个人特点，如有可能应提供一些过去尝试过但效果不佳的方法，供文心一言参考。如以下提示词示例。

请为我提供一些职场中情绪管理和自我调节的方法。我性格比较急躁，在与同事意见不合时容易激动。我之前尝试过深呼吸但效果不明显，希望能得到更适合我的方法。

第 4 章

生活助手：文心一言日常小秘书

在这个数字化日益加速的时代，AI技术正以前所未有的速度改变着我们的生活方式。从日常琐事到重要决策，AI的应用无处不在，极大地提高了我们的生活质量和工作效率。作为一款集成了自然语言处理技术的AI模型，文心一言不仅能够理解人类的语言，还能在多个生活场景中发挥重要作用，成为我们身边不可或缺的智能助手。

4.1 旅行规划

旅行是放松心情、拓宽视野的好方式。本节将探讨如何利用文心一言来优化旅行体验。

4.1.1 实战：生成旅行计划

旅行计划的制订是旅游体验的关键一步，一个好的旅行计划可以让旅程更加顺畅和愉快。利用文心一言可以快速生成个性化的旅行计划，节省时间和精力。

场景　陈先生计划在国庆节期间进行一次国内旅行，他想游览中国的名山大川，但需要一个详细的旅行计划来确保行程顺利。

提示词　请帮我生成一次为期一周的国内旅行计划，目的地为黄山。旅行计划需要包括以下内容：①行程概览，提供每天的主要活动和观光景点；②交通安排，包括航班、火车和当地交通的预订建议；③住宿推荐，根据我的预算推荐酒店或民宿；④餐饮建议，推荐当地的特色美食和餐厅；⑤预算规划，提供一个大致的旅行预算。

回答

黄山一周旅行计划

一、行程概览

第一天：抵达黄山

- 主要活动：抵达黄山屯溪机场，入住酒店，休息。
- 观光景点：无。

……

总计：6150~10700元（不包含购物、娱乐等额外费用）。

请注意，以上预算仅为大致估算，实际费用可能会因个人消费习惯、季节变换、预订时间等因素而有所不同。建议提前规划并预订相关服务，以获得更优惠的价格和更好的旅行体验。

通过使用上述提示词，文心一言为陈先生生成了黄山之旅的计划，不仅考虑了行程安排和交通预订，还推荐了住宿和餐饮，提供了预算规划。

提示词进阶

　　构建旅行规划的提示词时，应注意明确旅行的目的地、时间和个人偏好，详细描述旅行的目标和预算，同时可以提供一些个人的兴趣和特殊需求。如以下提示词示例。

　　请帮我生成一次为期10天的西藏之旅的计划。旅行计划需要包括：①行程概览，提供每天的观光景点和文化体验活动；②交通安排，包括国内航班、长途巴士和当地交通的预订建议；③住宿推荐，推荐具有藏族风格的旅馆；④餐饮建议，推荐当地的藏族特色餐厅；⑤预算规划，提供一个详细的旅行预算，包括高原反应预防和必需药品的费用。

4.1.2　实战：了解当地文化

　　在旅游过程中，深入了解当地文化可以丰富旅行体验，增加对不同地区的认识。文心一言可以帮助我们更好地了解旅游目的地的文化特色。

场景

　　小紫对中国的古典园林非常感兴趣，她计划去苏州旅游，并希望深入了解当地的园林文化。

提示词

　　请给我提供一些深入了解苏州园林文化的途径和建议。文化体验需要包括以下内容：①文化背景，介绍苏州园林的历史和特点；②体验活动，推荐一些园林景观和茶艺体验活动；③节日庆典，提供苏州主要节日和庆典的信息；④当地生活，建议如何像当地人一样体验苏州的慢生活。

回答

　　要深入了解苏州园林文化，以下是一些建议的途径和体验活动。

一、文化背景

①苏州园林的历史和特点

历史沿革：苏州园林的历史可以追溯到公元前6世纪的春秋时吴王的园圃，经过宋、元、明、清等多个历史时期的演变和发展，形成了独特的园林艺术风格。苏州古典园林反映了中国古代文化和哲学思想，是中国传统文化的重要体现。

……

通过以上途径和体验活动，游客可以深入了解苏州园林文化的历史、特点和内涵，同时感受苏州的慢生活氛围和丰富的文化内涵。

　　通过使用上述提示词，文心一言为小紫生成了关于苏州园林的文化背景，并推荐了园林景观和茶艺体验活动，让她能够更深入地体验苏州文化。

提示词进阶

构建了解当地文化的提示词时，应注意明确旅行目的地、感兴趣的文化领域（如艺术、美食、历史等），以及任何特别想要参与的活动或体验。如以下提示词示例。

请为我的西安之旅提供深入了解陕西历史文化的建议，包括参观博物馆和古迹的推荐、当地美食体验以及可能的历史讲座信息。

4.1.3 实战：生成旅游日记

记录旅行中的点点滴滴可以留下美好的回忆。利用文心一言可以生成生动的旅游日记，帮助我们更好地回顾旅行经历。

场景　小萌刚结束她的黄山之旅。她在旅途中拍摄了许多照片，记录了很多精彩的瞬间，但一直没有时间动手写下旅游日记。为了保存这段美好的回忆，她决定尝试使用文心一言来帮助她完成旅游日记。

提示词　请根据我提供的旅游记录生成黄山旅游日记。需要你做到：①按照时间顺序组织日记内容，包括每个地方的简要描述和我的感受；②将照片嵌入相关条目中；③使用流畅的语言和有趣的叙述方式，使日记阅读起来轻松愉快。

回答

黄山旅游日记

9月30日：随着火车缓缓驶入黄山市，我的黄山之旅正式拉开序幕。入住酒店后，虽然身体略感疲惫，但心中那份对未知美景的憧憬如同被点燃的火焰，让我兴奋不已。躺在床上，闭上眼，仿佛已经能闻到山间清新的空气，期待着与黄山的一次亲密接触。

……

10月6日：随着旅程的尾声临近，我依依不舍地离开了黄山市。回望这几天的点点滴滴，从始信峰的险峻到光明顶的日出云海；从西海大峡谷的壮丽到宏村的古朴典雅；再到屯溪老街的市井气息……这一切的一切都将成为我记忆中最宝贵的财富。黄山之旅不仅让我领略了自然之美和人文之韵，更让我深刻体会到了中华文化的博大精深。期待下一次的旅行能再次带给我如此难忘的回忆。

通过使用上述提示词，文心一言为小萌生成了内容丰富的黄山旅游日记，其中不仅记录了每日的活动，还分享了她的感受和文化体验。使用同样方法，可以生成旅游朋友圈、旅游微博等。

提示词进阶

　　构建旅游日记的提示词时，应注意明确旅行的行程和个人体验，详细描述想要记录的内容和风格，同时可以提供一些个人的照片和笔记。如以下提示词示例。

　　请根据我刚完成的云南之旅生成旅游日记。旅游日记需要包括：①每日回顾，总结每天的观光活动和民俗体验；②感受分享，表达我对云南的自然风光和多元文化的感受；③住宿体验，记录我住在古城和民宿的体验；④摄影记录，描述我拍摄到的珍贵照片和背后的故事。

4.2　美食探索

　　美食不仅是味蕾的享受，更是生活的艺术。本节将展示文心一言如何根据个人口味偏好推荐食谱，提供食材储存与保鲜的专业建议，并给出科学的营养搭配方案。

4.2.1　实战：食谱推荐

　　文心一言可以帮助用户根据自己的口味偏好和饮食习惯，推荐适合的食谱，并提供详细的制作步骤和食材清单，确保用户能够轻松制作美味佳肴。

场景　　小李喜欢吃辣的食物，想尝试一些新的菜肴，但他不知道该做什么菜，希望借助文心一言获得适合自己口味偏好的食谱推荐。

提示词　　请为我推荐一些辣口味的食谱，这些食谱需要适合家庭烹饪，并且食材容易获取。请确保推荐的食谱包含食材清单、烹饪步骤和热量等信息，以便我可以轻松制作并享受这些美食。

回答　　以下是一些适合家庭烹饪的辣口味食谱，这些食谱的食材容易获取，且既美味又健康。每个食谱都包含了食材清单、烹饪步骤和热量估算，以便您轻松制作并享受这些美食。

1.辣炒藕片
食材清单：五花肉适量、藕1根、小米辣2根、辣椒半根，生抽、老抽、白糖、食

> 盐、食用油适量。
>
> ......
>
> 注意事项
> - 烹饪时可根据家庭成员的口味偏好调整辣度和食材用量。
> - 为了保证健康，建议控制食用油和调料的用量，避免过于油腻和重口味。
> - 以上热量估算仅供参考，具体数值可能因烹饪方法和食材用量而有所差异。
>
> 希望这些食谱能满足您的需求，让您和家人在家就能享受到美味的辣味佳肴！

通过使用上述提示词，文心一言推荐了一些辣口味的食谱，为小李的美食探索之旅提供新的方向。

提示词进阶

构建美食探索提示词时，应注意明确口味偏好和饮食限制，详细描述想要尝试的菜系或特定食材，同时可以提供一些个人的烹饪水平和时间安排。如以下提示词示例。

请根据我偏好甜味和酸味的特点，推荐一些适合初学者制作的西式甜点食谱。推荐的食谱需要包括：①甜点列表，提供几种符合口味偏好的甜点；②食材清单，列出制作这些甜点所需的主要食材；③制作步骤，给出详细的烘焙步骤和装饰技巧；④预计时间，提供每道甜点的预计制作时间。

4.2.2　实战：食材储存与保鲜提示

正确储存和保鲜食材是确保食物新鲜和安全的关键，文心一言可以帮助用户获取详细的食材储存和保鲜提示，提供科学的方法和建议，确保食材在最佳状态下被使用。

场景　小欣最近购买了一些新鲜的芦笋，她知道芦笋如果保存不当很快就会变老，但她不确定如何正确储存芦笋以保持其新鲜和脆嫩。

提示词　请给出储存新鲜芦笋以保持脆嫩的建议。要求：给出具体的储存方法以及储存过程中的注意事项。

回答　为了确保芦笋的新鲜和脆嫩，以下是芦笋的储存与保鲜提示。
一、储存条件
芦笋适宜的储存温度为0~5℃，相对湿度保持在90%~95%。这样的环境可以显著抑制芦笋的呼吸作用，延缓品质劣变的进程。

......

五、其他注意事项

● 避免堆叠：在储存芦笋时，应避免将其堆叠得过于紧密，以免压坏芦笋或影响其通风。

● 定期检查：定期检查储存的芦笋，如果发现有变质或腐烂的情况，应及时处理，以免影响其他芦笋的储存。

综上所述，通过正确的预处理、选择合适的储存容器和保持适宜的储存条件，可以有效地延长芦笋的保鲜期并保持其新鲜和脆嫩。

通过使用上述提示词，文心一言为小欣提供了芦笋的储存与保鲜提示，可以帮助她了解芦笋的正确储存方法，从而享受更长时间的新鲜芦笋。

提示词进阶

构建食材储存与保鲜提示词时，应注意明确想要了解的食材种类和储存条件，详细描述储存环境和可用的储存设备，同时可以提供一些个人的食品保鲜需求和疑问。如以下提示词示例。

请提供新鲜鱼类的储存与保鲜提示。储存提示需要包括：①储存条件，新鲜鱼类适合的储存温度和湿度；②预处理方法，购买后应如何处理鱼类以延长保鲜期；③储存容器，推荐适合储存鱼类的容器，如保鲜袋或真空包装；④保鲜期限，新鲜鱼类在适宜条件下的保鲜期限。同时，请提供一些关于如何识别鱼类是否仍然新鲜的建议。

4.2.3 实战：营养搭配建议

营养均衡是健康饮食的核心，合理的营养搭配可以满足人体对各种营养素的需求。

场景

小苏最近开始关注自己的饮食健康，希望能够制订一个更加均衡的饮食计划。她平时工作忙碌，常常外出就餐，希望通过合理的膳食搭配来补充必需的营养。

提示词

请根据我的日常饮食习惯提供一个营养搭配建议。需要你做到：①分析我目前的饮食习惯并提供改进建议；②根据我的营养需求推荐富含蛋白质、纤维和维生素的食物；③提供一个简单的一周饮食计划，包括早餐、午餐和晚餐的建议。

回答

为了提供一个个性化的营养搭配建议，我需要先了解您目前的饮食习惯。不过，鉴于您没有具体描述，我将基于一般健康饮食原则来提供一个营养搭配建议，并假设您希望改善饮食习惯，增加蛋白质、纤维和维生素的摄入。

……

四、注意事项

1. 多样化摄入：尽量保证食物种类的多样化，以获取全面的营养素。

2. 适量摄入：不要过度摄入任何一种食物，要遵循适当的饮食量。

3. 控制油盐糖：少食用高油、高盐、高糖的食品，保持饮食的清淡和健康。

以上饮食计划仅供参考，您可以根据个人口味和偏好进行调整。同时，如果您有特殊健康状况或饮食需求，请咨询专业医生或营养师的建议。

通过上述提示词，文心一言为小苏生成了一份个性化的营养搭配方案，还提供了改进建议和一周的饮食计划。

提示词进阶

构建营养搭配提示词时，应注意明确健康目标和饮食偏好，详细描述想要改善的健康问题和营养需求，同时可以提供一些个人的饮食习惯和生活方式。如以下提示词示例。

请提供一些有助于控制血糖的营养搭配建议。营养搭配需要包括：①食物种类，推荐低糖、高纤维的食物；②饮食计划，给出适合糖尿病患者的一日饮食安排；③食材替换，提供低糖替代品和健康脂肪来源的建议；④饮食习惯，给出有助于血糖控制的饮食习惯和餐次分配建议。

4.3 运动健康

本节将探讨文心一言如何为用户提供科学的健身知识，量身定制训练计划，指导健康生活方式，并进行初步健康诊断，甚至解读医院检验单。

4.3.1 实战：获取科学健身知识

在运动健身的过程中，科学的知识可以帮助我们更有效地达到锻炼目标，减少受伤的风险。

场景　小陈最近开始对力量训练产生了浓厚的兴趣，他想获取更多关于力量训练的科学知识，以提高自己的锻炼效果并避免受伤。

提示词　请为我提供关于力量训练的科学知识。需要你做到：①解释力量训练的基本概念和原理；②提供针对不同肌肉群的训练方法；③给出训练前后的热身和拉伸建议；④介绍如何安排训练频率和强度。

回答　以下是关于力量训练的科学知识，涵盖了基本概念和原理、针对不同肌肉群的训练方法、训练前后的热身和拉伸建议，以及如何安排训练频率和强度等方面。

一、力量训练的基本概念和原理

力量训练，又称肌肉增强运动或抗阻练习，是一种通过多次、多组有节奏的动作来增强肌肉力量和围度的训练方法。

……

综上所述，力量训练是一个全面而系统的过程，需要综合考虑多个方面。通过科学的训练方法和合理的安排，可以有效地增强肌肉力量和围度，提高身体功能。

通过上述提示词，文心一言提供了全面的力量训练相关知识。这些知识不仅涵盖了力量训练的基本原理和方法，还包括了实用的热身、拉伸以及训练安排建议，帮助小陈更加科学地进行力量训练。

提示词进阶

在获取科学健身知识时，构建提示词应注意明确具体的需求点，例如特定的运动项目、特殊的身体状况等。如以下提示词示例。

请为我提供关于跑步健身的科学知识，包括如何预防跑步损伤、提高跑步耐力的方法以及适合跑步者的饮食建议。同时，考虑到我有轻微的膝盖问题，给出相应的注意事项。

4.3.2　实战：定制训练计划

在健身和健康管理中，根据个人体质和目标定制训练计划是确保训练效果和安全性的关键。

场景　小莉最近决定开始健身，目标是减脂塑形。她想通过科学的训练方法，安全且有效地达到目标。她希望能够有一个便捷的方式来获取根据个人体质和目标定制的训练计划。

提示词

请根据我的体质和目标定制一个训练计划。我的信息如下：基本信息：女性，28岁，身高165cm，体重62kg；体质情况：体脂率30%，肌肉量较小，无明显健康问题；健身目标：减脂塑形，减少体脂率至20%；训练频率：每周4次，每次1小时；训练设备：家用健身器材（哑铃、跑步机）。

回答

减脂塑形训练计划

一、基本信息与目标

• 基本信息：女性，28岁，身高165cm，体重62kg，体脂率30%，肌肉量较少，无明显健康问题。

• 健身目标：减脂塑形，减少体脂率至20%。

• 训练频率：每周4次，每次1小时。

• 训练设备：家用健身器材（哑铃、跑步机）。

......

通过这份训练计划，结合合理的饮食安排，相信您能够在减脂塑形方面取得显著成效。祝您健身愉快！

通过上述提示词，文心一言提供的训练计划不仅符合小莉的体质情况和健身目标，还提供了详细的训练方法和建议。

提示词进阶

构建定制训练计划的提示词时，应注意明确个人体质、健身目标和时间安排，详细描述自己的健康状况和运动经验，同时可以提供一些个人的运动偏好和限制条件。如以下提示词示例。

请根据我的体质和减肥目标，定制一个中等强度的有氧运动计划。训练计划需要包括：①目标设定，明确减重目标和时间期限；②训练频率，建议每周的训练次数和持续时间；③训练内容，提供有效的有氧运动项目和动作要领；④饮食建议，给出配合运动计划的饮食调整建议。

4.3.3 实战：指导健康生活方式

文心一言可以帮助用户获取详细的健康生活方式指导，提供科学的建议和实用的方法，助力用户在日常生活中保持健康。

场景

小辉是一位经常出差的商务人士，他希望在忙碌的工作中保持健康的生活方式。

提示词

请提供一些适合频繁出差的商务人士的健康生活方式指导。生活方式指导需要包括以下内容：①饮食建议，给出在旅途中保持健康饮食的策略；②运动建议，推荐适合在酒店房间内进行的锻炼方式；③休息建议，提供改善睡眠质量的方法；④压力管理，给出有效的压力缓解和情绪管理技巧。

回答

频繁出差的商务人士健康生活方式指导

一、饮食建议

1.选择健康食物

● 新鲜果蔬：尽量选择新鲜的水果和蔬菜，它们富含维生素、矿物质和膳食纤维，有助于维持身体健康。

● 优质蛋白：选择瘦肉、鱼类、豆类和蛋类作为蛋白质来源，避免过多的油腻和高热量食物。

● 避免加工食品：尽量减少腌制、熏烤、油炸等高盐、高糖、高脂肪的加工食品摄入。

......

通过以上饮食、运动、休息和压力管理方面的建议，频繁出差的商务人士可以在忙碌的日程中有效地融入健康生活方式，从而保持良好的身体状态和精神状态。

通过上述提示词，文心一言为小辉列出了完整的针对频繁出差的商务人士的健康生活方式指导建议，包括健康饮食、合理运动、科学调休等方面的内容。

提示词进阶

构建商务人士健康生活方式的提示词时，应注意明确个人生活习惯和环境条件，详细描述自己的日常安排和健康需求，同时可以提供一些个人的健康问题和目标。如以下提示词示例。

请提供一些适合长时间办公的久坐族的健康生活方式指导。生活方式指导需要包括：①饮食建议，给出有助于预防肥胖和心血管疾病的饮食方案；②运动建议，推荐适合工作间隙进行的活动和锻炼；③休息建议，提供预防和缓解职业病的休息方法；④眼睛保护，给出保护视力和减少眼睛疲劳的措施。

4.3.4 实战：提供初步健康诊断

在出现健康问题时，能够及时进行初步的自我诊断非常重要。文心一言可以提供基于症状的初步健康诊断，帮助用户了解可能的健康问题，并建议是否需要进一步就医。

场景 ▶ 吴先生感到咽部干燥发痒，且伴有咳嗽等，他不确定这些症状是由什么引起的。

提示词 ▶ 请根据以下症状进行初步的健康诊断，并提供在就医前能采取的自我护理措施。症状描述：咽部干燥发痒和伴有咳嗽，请确保你的建议包括可能的健康问题、是否需要专业的医疗检查等。同时，请确保你的建议基于最新的医学知识和临床经验。

回答 ▶ 针对您描述的咽部干燥发痒和伴有咳嗽的症状，以下是我根据最新的医学知识和临床经验为您进行的初步健康诊断以及就医前的自我护理措施建议。

一、可能的健康问题

1. 过敏性咽炎：由于接触某些过敏原（如花粉、尘螨、动物皮毛、化学物、刺激物、药物、过敏食物等）引起的炎症反应，表现为嗓子很痒、很干、咳嗽。

2. 慢性咽炎：炎症长期刺激咽喉处的黏膜，导致淋巴滤泡增生，出现咽部不适感，如异物感、干燥感和瘙痒感等。

......

请注意，以上建议仅供参考。如果症状持续或加重，务必及时就医以获得专业的诊断和治疗。

通过使用上述提示词，文心一言根据症状为吴先生提供了初步健康诊断和自我护理措施建议，有助于他了解自己的健康情况。在实际应用中，如果想准确诊断，还需及时就诊。

提示词进阶

在使用文心一言进行初步健康诊断时，构建提示词应尽可能详细地描述症状的具体表现、出现的时间和频率、是否伴有其他症状等信息。如以下提示词示例。

我在跑步后经常出现膝盖疼痛，疼痛程度为中度，休息后会有所缓解。这种症状已经持续了一周左右，没有其他明显的伴随症状。请根据这些信息进行初步健康诊断，分析可能的原因和建议的处理方法。

4.3.5 实战：解读医院检验单

文心一言可以帮助用户解读医院检验单上的各项指标，提供详细的解释和建议，确保用户能够全面了解自己的健康状况。

场景

小李拿到了自己的血常规检测报告，但对其中的一些指标不太理解。他不知道这些指标代表什么意思，也不清楚自己的健康状况是否良好。

提示词

请针对图片中的这份检验单，解释各项指标的含义，并分析我的健康状况。请确保解释清晰、准确，并提供专业的健康指导。

（将检测报告拖曳至文心一言的输入框中，待其上传成功，输入上方提示词。）

回答

这是一份血常规检测报告，涵盖了白细胞、红细胞、血红蛋白等关键指标。

1.白细胞总数（WBC）：11.11×10^9/L，正常范围为（3.5~9.5）$\times 10^9$/L。您的白细胞总数偏高，这可能表明有感染或炎症的存在。

……

健康指导：

根据血常规结果，您可能存在轻度贫血和可能的细菌感染。建议您咨询医生进行进一步的诊断和治疗。医生可能会建议补充铁剂或其他营养素来改善贫血状况，并根据具体情况决定是否需要抗生素治疗。同时，保持均衡饮食和良好的生活习惯对健康非常重要。

通过使用上述提示词，文心一言解读了检测报告，并为小李提供了健康建议。请注意，文心一言仅是一个AI模型，提供的建议可以作为参考，具体的措施请咨询医生。

提示词进阶

构建解读医院检测报告的提示词时，应注意提供检测报告的具体内容和个人关注的健康问题，详细描述想要了解的指标和数据，同时可以提供一些个人的生活习惯和健康目标。如以下提示词示例。

请帮我解读我的血脂检查结果。检测报告解读需要包括：①指标解释，解释血脂检查中的总胆固醇、甘油三酯等指标的含义；②正常范围，提供这些指标的正常数值范围；③结果分析，根据我的血脂检查结果提供分析；④饮食和运动建议，给出降低血脂的饮食和运动建议。

4.4 购物时尚

本节将介绍文心一言如何根据不同的场合推荐合适的服装搭配，根据个人肤质提供专业的护肤方案，进行商品推荐与比较，以及快速生成购物评价。

4.4.1 实战：推荐搭配服装

文心一言可以帮助用户根据具体的场合推荐合适的服装搭配，并提供详细的搭配建议和搭配技巧，确保用户在各种场合都能展现最佳状态。

场景

> 芸芸即将参加一个公司晚宴，她希望建立专业而时尚的形象，但不确定该如何搭配服装。

提示词

> 请根据即将参加的公司晚宴这一场合，为我推荐合适的服装搭配。搭配推荐需要包括以下内容：①服装选择，推荐适合晚宴的服装款式和颜色；②配饰建议，提供与服装搭配的鞋子、包和首饰建议；③风格指南，给出符合晚宴氛围的着装风格；④个人风格考量，结合我的个人风格和偏好进行推荐。

回答

> **为公司晚宴推荐的服装搭配**
>
> **1.服装选择**
>
> 款式推荐：
>
> ● 连衣裙：一款优雅的长款连衣裙是晚宴的经典选择。考虑到晚宴的正式性，可以选择修身剪裁的款式，展现您的身材线条。如果您喜欢更为轻松的感觉，A字形或伞形连衣裙也是不错的选择。
>
> ● 西装套装：对于追求干练与专业的您，一套合身的西装套装同样适合晚宴场合。选择深色如黑色、深蓝色或深灰色，能够展现出稳重与高雅。
>
> ……
>
> 综上所述，为公司晚宴推荐的服装搭配应注重正式与优雅的平衡，同时考虑您的个人风格和偏好。通过选择合适的服装款式和颜色、搭配精致的配饰，并注重整体造型的和谐统一，您将在晚宴中展现出独特的魅力和气质。

文心一言提供的详细搭配建议和搭配技巧帮助芸芸在各种场合都展现了最佳状态，

提升了她的形象和自信。这不仅让她在职场中更加出色，还在社交活动中更加得体。

提示词进阶

　　构建搭配服装的提示词时，应注意明确场合要求和个人风格，详细描述想要达到的着装效果，同时可以提供一些个人的身材特点和偏好，供文心一言参考。如以下提示词示例。

　　请根据即将参加的户外音乐节这一场合，为我推荐合适的服装搭配。搭配推荐需要包括：①服装选择，推荐适合户外活动的服装款式和颜色；②配饰建议，提供适合户外活动的帽子、太阳镜和轻便包；③舒适度考量，确保推荐的搭配适合长时间站立和活动；④天气因素，根据音乐节当天的天气预报，推荐适合的服装材质和采用的防晒措施。

4.4.2　实战：提供护肤方案

　　关于护肤，根据个人肤质选择合适的护肤方案是确保肌肤健康和美丽的关键。

场景　　小沫的皮肤比较敏感，容易出现泛红和瘙痒的问题。她不知道该如何选择适合自己肤质的护肤品。

提示词　　请制订一个适合我的肤质的护肤方案，包括日常的清洁、保湿和防晒等方面。请确保方案能够解决我的皮肤敏感问题，并帮助我保持皮肤的水分和弹性。同时，请考虑我的日常护肤习惯和皮肤类型，提供个性化的建议。

回答　　为了给您制订一个既适合您肤质又能有效解决皮肤敏感问题、保持皮肤水分和弹性的个性化护肤方案，我将基于一般性建议，并假设您拥有敏感且偏干的肤质来构思这个方案。如果您的具体情况有所不同，请根据实际情况调整。

　　1.了解您的肤质与日常习惯

● 肤质：敏感，偏干。

● 日常习惯：未知，但建议保持规律作息，避免过度清洁和使用刺激性产品。

……

　　请记住，每个人的肌肤状况都是独一无二的，因此在实际应用时，可能需要根据个人反应进行微调。希望这个方案能为您的护肤之旅提供一个良好的起点！

通过使用上述提示词，文心一言为小沫提供了敏感肤质的护肤方案。

提示词进阶

　　构建护肤方案的提示词时，应注意明确肤质类型和具体肌肤状况，详细描述想要解决的肌肤问题，同时可以提供一些个人的生活习惯和护肤偏好。如以下提示词示例。

　　请根据我的干性肤质和敏感问题，为我提供一套护肤方案。护肤方案需要包括：①清洁建议，推荐适合干性敏感肌肤的洁面产品和方法；②保湿产品，提供适合干性肌肤的强效保湿产品建议；③特殊护理，给出针对敏感问题的护理方法和产品推荐；④避免成分，列出可能引起肌肤敏感的成分，以便我在选购产品时注意。

4.4.3　实战：推荐与比较商品

　　文心一言可以帮助用户根据个人需求和偏好推荐商品，并提供详细的比较信息，确保用户能够做出明智的购物决策。

场景

　　小波最近打算购买一台新的笔记本电脑。他希望找到一款性能好、价格适中的笔记本电脑，但面对众多品牌和型号，她感到无所适从。

提示词

　　请为我推荐几款适合办公和娱乐的笔记本电脑，并对它们的性能、价格、外观等方面进行比较。

回答

　　在为您推荐适合办公和娱乐的笔记本电脑时，我会综合考虑性能、价格、外观等多个方面。以下是我为您精选的几款产品及其对比分析。

　　1.联想昭阳青春版笔记本

　　● 性能：搭载英特尔酷睿i5处理器，配备16GB内存与512GB固态硬盘，满足文档处理和在线学习等多种需求。预装的Office套件和Wi-Fi 6双天线，能提升办公和学习效率。

　　● 外观：超轻薄设计，搭配15.6英寸大屏幕，提供舒适的视觉体验。

　　……

　　请注意，以上推荐和比较仅供参考，具体选购时还需根据个人实际需求和预算做出决策。同时，由于市场波动和促销活动的影响，价格可能会有所变动，请以购买时的实际价格为准。

　　通过使用上述提示词，文心一言为小波推荐了几款笔记本电脑，并进行了比较，可以帮助他选择适合自己的产品。

在使用文心一言进行商品推荐与比较时，构建提示词应注意明确自己的具体需求和偏好，如预算、功能要求、品牌偏好等。如以下提示词示例。

请根据我的需求和偏好推荐并比较几款笔记本电脑。我的需求和偏好如下：①用途，主要用于办公和轻度娱乐。②预算，5000~7000元。③品牌偏好，华为、联想、戴尔。④性能要求，处理器至少为i5，内存至少为8GB，固态硬盘至少为256GB。⑤其他需求，轻薄、便携，电池续航时间长。

4.4.4 实战：生成购物评价

文心一言可以帮助用户快速生成详细的购物评价，并提供结构化的评价模板和写作建议，确保用户能够轻松撰写高质量的购物评价。

场景

小李购买了一件新衣服，想要写一篇购物评价，但不知道从哪里开始。

提示词

我购买了一件蓝色的衬衫，材质是棉质的，穿着很舒服，款式也很时尚。请为我生成一篇购物评价，字数为100字以内。

回答

蓝色棉质衬衫，穿着舒适，透气性好，非常适合日常穿着。颜色沉稳活力兼具，款式时尚剪裁得体，细节处理到位，易于搭配。无论是休闲还是正式场合，都能展现个人魅力。非常满意的一次购物，值得推荐！

通过使用上述提示词，文心一言为小李快速生成了一篇购物评价，包括衣服的穿着感受，对颜色和款式的评价，以及个人购物体验。

构建购物评价的提示词时，应注意明确自己的购物体验和评价重点，详细描述想要强调的商品特性和使用感受，同时可以提供一些个人的评价风格和语言偏好，供文心一言参考。如以下提示词示例。

请根据我对新购买耳机的音质和舒适度的感受，快速生成一篇购物评价。购物评价需要包括：①商品描述，简要描述耳机的品牌和型号；②满意度评价，表达我对耳机音质和舒适度的满意程度；③使用体验，分享耳机在不同环境下的使用感受和任何需要注意的问题；④总体评分，给出一个总体的满意度评分和是否推荐购买的建议。

4.5 财务管理

良好的财务管理对于个人和家庭的长远发展至关重要。本节将展示文心一言如何协助用户生成家庭月度预算计划，提供合理化的家庭投资建议，以及推荐适合的保险产品。

4.5.1 实战：生成家庭月度预算计划

合理的家庭预算计划对于财务管理至关重要，它有助于家庭合理分配收入，控制支出，实现财务目标。

场景　　周先生打算制订一个新的家庭月度预算计划，他需要考虑日常生活费用、孩子的教育支出以及储蓄和投资。

提示词　　请帮我生成一个家庭月度预算计划。预算计划需要包括以下内容：①收入统计，汇总家庭的月度总收入；②支出分类，列出各类预期支出，如食品、住房、教育等；③预算分配，根据家庭财务状况合理分配预算；④储蓄和投资，规划月度储蓄和投资额度。

回答

家庭月度预算计划

一、收入统计

主要收入来源：

工资收入：周先生￥8,000

工资收入：李女士￥6,000

……

注意事项：

- 本预算计划为初步设定，执行中需根据家庭实际情况灵活调整。
- 建议每月末回顾本月预算执行情况，分析超支或节约原因，为下月预算提供参考。
- 鼓励家庭成员共同参与预算管理，增强财务透明度，促进家庭和谐。

通过文心一言，周先生快速获得了个性化的家庭月度预算计划，这不仅可以帮助他合理分配资金，还能有效避免不必要的开支，提高家庭财务管理的效率。

在构建家庭预算计划的提示词时，可以提供详细的收支数据（如固定支出、可变支出等），以及任何特别的财务目标或限制。如以下提示词示例。

请根据我提供的去年12月家庭收入和支出明细，生成今年1月的预算计划，并考虑春节期间的额外开销。收入和支出明细如下（略）。

4.5.2　实战：提供家庭投资建议

在家庭财务管理中，合理的投资是实现财富增值和达成理财目标的重要手段。

场景　晓波是一名上班族，有一定的储蓄，希望进行投资以实现财富增值。她希望根据家庭的财务状况和风险承受能力，获取科学的投资建议。

提示词　请根据我的家庭财务状况和风险偏好，提供一些家庭投资建议。投资建议需要包括以下内容：①财务评估，评估家庭的财务状况和风险承受能力；②投资目标，明确投资的预期收益和投资期限；③投资产品，推荐适合的投资产品，如股票、债券、基金等；④分散投资，提供资产配置和风险分散的建议。

回答

家庭投资建议

1. 财务评估

家庭财务状况分析：

● 收入状况：首先，评估家庭的主要收入来源及稳定性，包括工资、奖金、投资收益、租金收入等。了解月收入、年收入以及增长潜力。

● 支出情况：详细列出日常开销、教育费用、医疗费用、娱乐支出、贷款还款（如房贷、车贷）等固定和变动支出，计算月度及年度总支出。

……

综上所述，家庭投资应基于全面的财务评估，明确投资目标和风险承受能力，选择合适的投资产品，并实施有效的分散投资策略，以实现财富的稳健增长。

通过使用上述提示词，文心一言为晓波提供了详细的家庭投资建议，帮助她提升理财的能力。

提示词进阶

　　构建家庭投资的提示词时，可以明确投资目标和风险偏好，详细描述家庭的财务状况和投资经验，同时可以提供一些个人的投资理念和市场观点。如以下提示词示例。

　　请根据我们的家庭财务状况和风险承受能力，提供一份投资建议。家庭信息如下：总资产：50000元；月收入：12000元；月支出：8000元；风险承受能力：中等；投资目标：稳健增值；5年内实现资产增值30%；投资期限：5年；投资偏好：股票、债券、基金。请确保投资建议涵盖了投资目标、风险承受能力、投资期限和投资偏好等因素，并给出具体的投资建议和理由。

4.5.3　实战：推荐保险产品

　　在家庭财务管理中，选择合适的保险产品是保障家庭成员健康和财务安全的重要手段。文心一言可以帮助用户根据家庭的需求和预算，推荐合适的保险产品，提供详细的保险方案和建议，确保用户能够有效进行风险管理。

场景

　　小高希望为家庭购买健康保险和意外险，但不知道哪种保险最适合自己和家人的需求。

提示词

　　请为一个三口之家（夫妻两人和一个孩子）推荐合适的保险产品。保险产品推荐需要包括以下内容：①需求和风险分析，分析家庭的保险需求和潜在风险；②保险类型，推荐适合的保险类型，如寿险、健康险、意外险等；③保险产品，提供具体保险产品的详细信息和比较；④保费预算，根据家庭财务状况规划合理的保费预算。

回答

三口之家保险产品推荐

1.需求和风险分析

对于一个三口之家（夫妻两人和一个孩子），保险需求主要集中在以下几个方面。

● 健康保障：家庭成员可能面临疾病风险，包括重大疾病和日常医疗费用。

● 意外保障：意外伤害可能给家庭带来经济负担，包括意外医疗费用、伤残或身故赔偿。

　　……

　　请注意，以上保费预算和具体分配仅供参考，实际购买时还需根据家庭成员的具体情况和保险产品的费率进行调整。同时，建议咨询专业的保险顾问或代理人，以获取更个性化的保险规划和建议。

通过使用上述提示词，文心一言为小高一家推荐了合适的保险产品，并提供了需求分析和保费预算建议。

提示词进阶

在使用文心一言推荐保险产品时，构建提示词应注意提供家庭的具体情况，如家庭成员的年龄、职业、健康状况、财务状况等信息。如以下提示词示例。

请根据以下家庭信息推荐合适的保险产品。家庭成员：李丽（30岁，家庭主妇）、李丽丈夫（35岁，上班族）、孩子（5岁，幼儿园）

需求：

重疾险：覆盖重大疾病，保额50万元

医疗险：覆盖日常医疗费用，保额10万元

意外险：覆盖意外伤害，保额20万元

教育险：为孩子准备教育基金，保额20万元

预算：每年保险预算不超过10000元

其他需求：希望保险公司服务好，理赔速度快

请确保推荐的保险产品能够覆盖家庭成员的医疗、健康、教育等各个方面，并考虑家庭成员的年龄、职业和财务状况。同时，请确保推荐的保险产品具有合理的保费和保障内容，以满足家庭的需求。

第 5 章

创意设计：图片的生成和编辑

在 AI 飞速发展的时代，文心一言以其强大的创意设计能力脱颖而出。从图片生成的多种实战，到说图解画的文字创作，以及百度 AI 图片助手应用，本章将带你深入探索文心一言在图片生成领域的无限可能，开启一场充满创意与惊喜的视觉盛宴。

5.1 图片生成

在创意设计领域，AI技术正引领一场革命。通过文心一言，设计师能够将文字转化为生动的图片，实现从想象到现实的跨越。本节将深入探讨如何根据文字生成图片的实战技巧，帮助读者掌握这一技术的核心要点。

5.1.1 实战：根据文字生成图片

用户仅凭简短的文字描述就能在文心一言中快速生成对应的高质量图片，极大地简化了创作流程。

步骤01 选择文心 4.5 Turbo 模型，然后在输入框中输入图像生成提示词，要清晰表达生成图像的关键词，如"画一个""生成一幅……画"等，然后单击【发送】按钮，如下图所示。

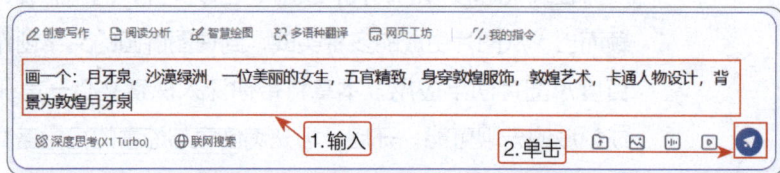

> ✍创意写作　📖阅读分析　✦智慧绘图　🌐多语种翻译　📄网页工坊　%我的指令
>
> 画一个：月牙泉，沙漠绿洲，一位美丽的女生，五官精致，身穿敦煌服饰，敦煌艺术，卡通人物设计，背景为敦煌月牙泉
>
> ⊗深度思考(X1 Turbo)　⊕联网搜索　1.输入　2.单击

提示： 相比文生文的提示词，文生图的提示词会有所不同。文生图通常不需要输入完整的语句，只需输入关键词，更侧重于从文本到视觉的转换。用户通过输入文字描述，如场景、物体、人物形象、风格等细节，以及大量视觉元素相关的词汇，例如颜色（湛蓝的天空）、形状（圆形的月亮）、空间布局（在画面的中央有一座城堡）、风格（以印象派风格绘制森林）等，让文心一言根据这些提示词构建出符合预期的图像。

步骤02 文心一言会根据提示词生成图像，如下页上图所示。

步骤03 如果要对图像进行调整，可以输入新的提示词，单击【发送】按钮，如下页中图所示。

画一个：月牙泉，沙漠绿洲，一位美丽的女生，五官精致，身穿敦煌服饰，敦煌艺术，卡通人物设计，背景为敦煌月牙泉

已经为你完成了这些月牙泉与美丽女生的卡通风格绘画创作，希望你会喜欢。

重新生成

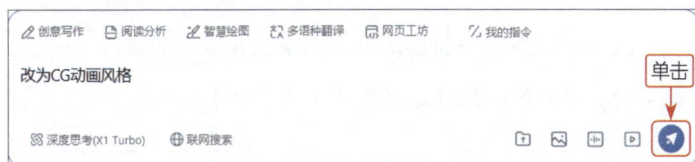

创意写作　阅读分析　智慧绘图　多语种翻译　网页工坊　我的指令

改为CG动画风格　　　　　　　　　　　　　　　　　　　单击

深度思考(X1 Turbo)　联网搜索

步骤 04 文心一言随后即可生成新的CG动画风格的效果，如下图所示。

改为CG动画风格

已经为你完成绘画创作，CG动画风格的敦煌月牙泉卡通人物设计，希望你能喜欢。

步骤 05 如果想增加一些光影效果，那么输入新的提示词，即可看到新的图像效果，如下图所示。

步骤 06 单击任意一幅图像，进入下图所示界面，可以放大查看图像，还可以对图像进行局部重绘、一键清除等图像修改操作。这里单击【下载】按钮。

步骤 07 浏览器即会下载该图像，待下载后，单击【打开文件】超链接，如右图所示。

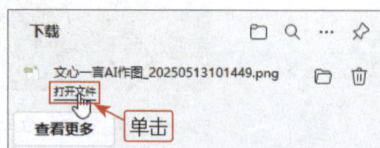

此时，计算机会启动图像浏览器以查看该图像，如下图所示。

5.1.2　实战：根据提示词生成词云图片

本小节讲述利用文心一言生成美观且具有代表性的词云图片的方法，适用于多种数据分析和报告场合。

步骤 **01** 在导航栏中选择【智能体广场】选项，进入其页面后，选择【AI词云图生成器】智能体，如下图所示。

步骤02 进入【AI词云图生成器】页面，可以单击一些推荐提示词，如下图所示。

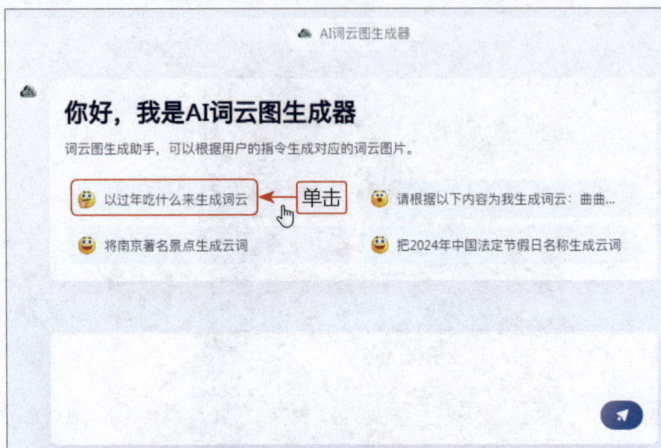

步骤03 文心一言即可根据提示词生成词云图片，如下图所示。

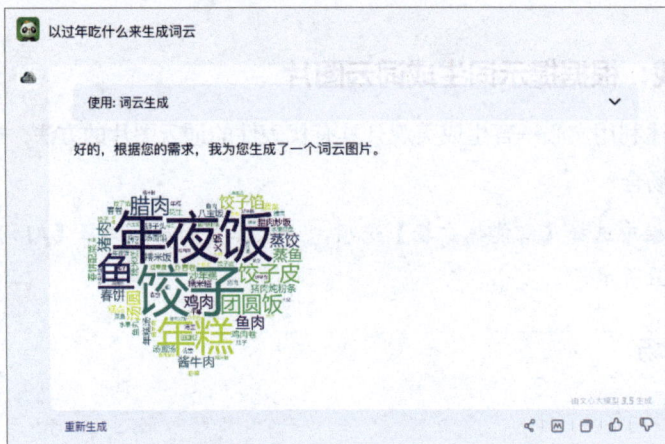

步骤04 另外，用户也可以将需要生成词云图片的词汇输入到输入框中，单击【发送】按钮 ✈，如下图所示。

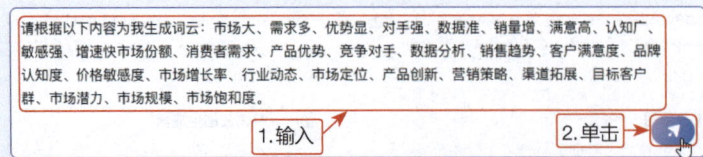

步骤**05** 文心一言即可生成一个新的词云图片，如下图所示。

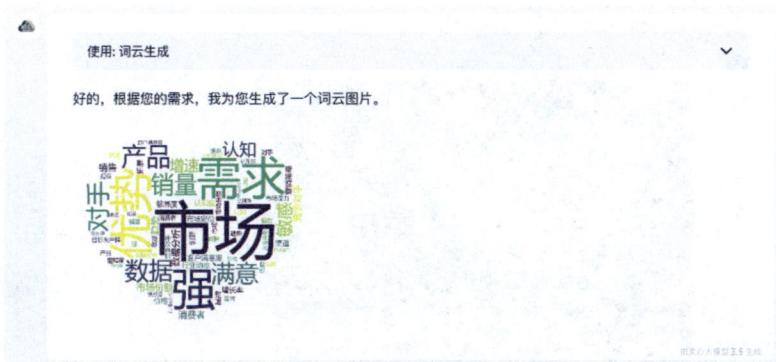

步骤**06** 单击该词云图片，可以放大显示，如下图所示。

5.1.3 实战：智能配图

文心一言可以根据文本内容智能生成配图，为文本内容注入新的生命力和表现力，增强阅读体验。

步骤**01** 在文心一言生成确定的文本内容之后，在输入框中输入配图提示词，单击【发送】按钮，如下图所示。

步骤 02 文心一言即可根据上方的文本内容生成配图，如下图所示。

请基于上述内容，生成配图

已经为你完成了绘画创作，希望这些画能带给你愉悦的心情。

步骤 03 如果要对图像进行调整，可以发出调整提示词，如下图所示。

第一幅，增加一个小房子

已经为你完成了绘画创作，增加了小房子的森林糖果雨场景，更加生动有趣哦！

5.1.4 实战：使用预设模板生成画作

在文心一言的【智慧绘图】中提供了多种风格的预设图像模板。用户可以直接修改模板中的关键词，快速生成符合需求的画作。

步骤 01 新建一个对话，选择【文心 4.5 Turbo】模型，然后单击输入框上方的【智慧绘图】按钮，如下页图所示。

步骤 02 在弹出的【智慧绘图】面板中，选择【文字生图】选项。该选项下包含多个分类，每个分类中都有丰富的绘图作品。用户可以将鼠标指针悬停在喜欢的作品上，然后单击显示的 按钮。此时，作品的提示词会自动填充到输入框中，用户可以根据需要修改描述关键词。完成编辑后，单击【发送】按钮 ，如下图所示。

步骤 03 文心一言能够根据提供的提示词生成4幅图像，如果不满意还可以重新生成，如下页图所示。

请帮我绘制一幅壁纸，水墨国画风格，画面内是日落的海边，没有人物，十分平静舒适的氛围，画面比例是16:9。

已经为你完成绘画创作，希望这些水墨国画风格的壁纸能带给你平静舒适的感觉。

↻ 重新生成

5.1.5 实战：使用参考图生成画作

使用文心一言的参考图功能，可参照参考图的风格，生成独具特色的新绘画作品，为创作带来新的思路。

步骤 01 在输入框上方单击【智慧绘图】按钮，然后选择【图片重绘】下的【风格模仿】功能。此时，输入框中会显示提示词模板。接下来，单击【上传参考图】按钮，如下图所示。

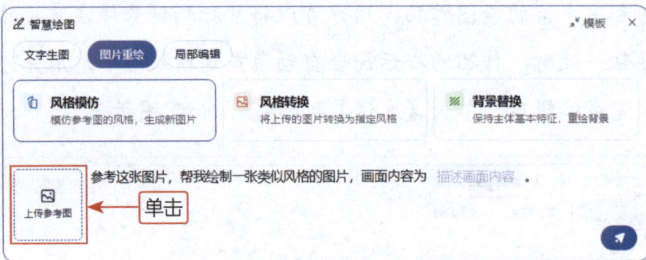

步骤 02 在弹出的【打开】对话框中选择图片，单击【打开】按钮，如右图所示。

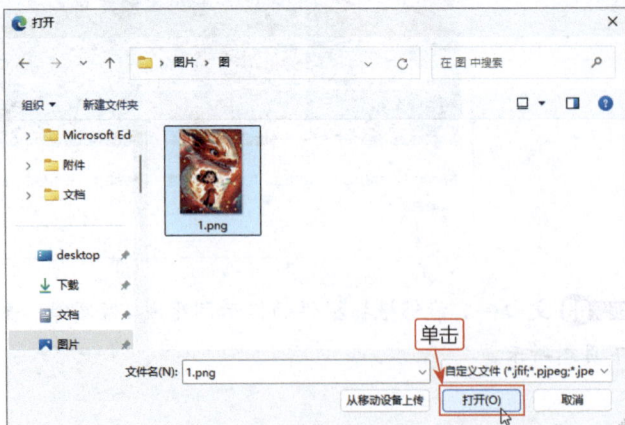

步骤 03 根据需求更改提示词，单击【发送】按钮 ✈，如下图所示。

文心一言即可绘制类似风格的图片，如下图所示。

5.1.6 实战：图片的风格转换

文心一言内置的丰富模板为用户提供了高效便捷的图片生成途径，有效简化了创作流程，提升了工作效率，是创意设计与内容生成的得力助手。

步骤 01 在输入框上方单击【智慧绘图】按钮，选择【图片重绘】模板下的【风格转换】功能，此时输入框中会出现提示词模板，如下页图所示。

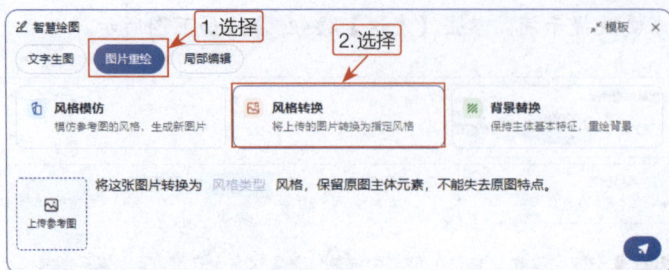

步骤 02 上传参考图，然后根据需求更改提示词，单击【发送】按钮 ，如下图所示。

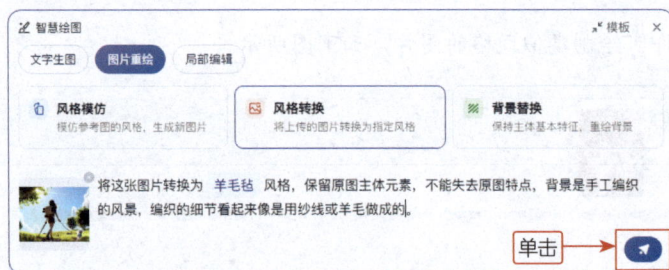

文心一言即可将上传的图片转换为指定风格，如下图所示。

5.1.7 实战：图片的背景替换

文心一言的背景替换功能，可以快速、准确地替换图片背景，优化图片视觉效果，为各类设计、创作工作提供有力支持。

步骤 01 在输入框上方单击【智慧绘图】按钮，选择【图片重绘】模板下的【背景替换】功能，此时输入框中会出现提示词模板，如下图所示。

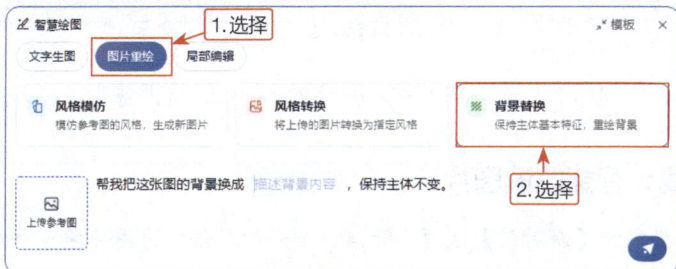

步骤 02 上传图片，并根据需求更改提示词，单击【发送】按钮 ✈，如下图所示。

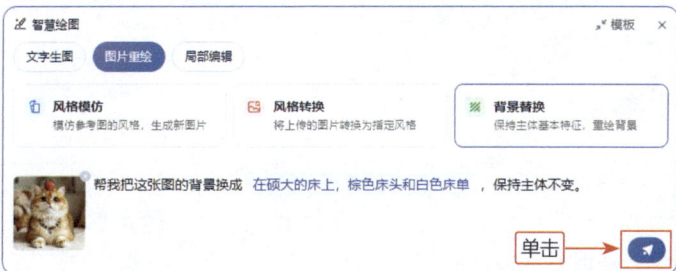

文心一言即可仅更换背景，保留主体不变，生成的效果图如下图所示。

5.2 说图解画

本节讲述如何利用文心一言基于图片进行文字创作，为图像赋予更多的故事情节。

5.2.1 实战：智能解读图片

选择导航栏中的【新对话】选项，开启一个新的对话，将图片拖曳至输入框中，输入提示词，单击【发送】按钮 ✈，如下图所示。

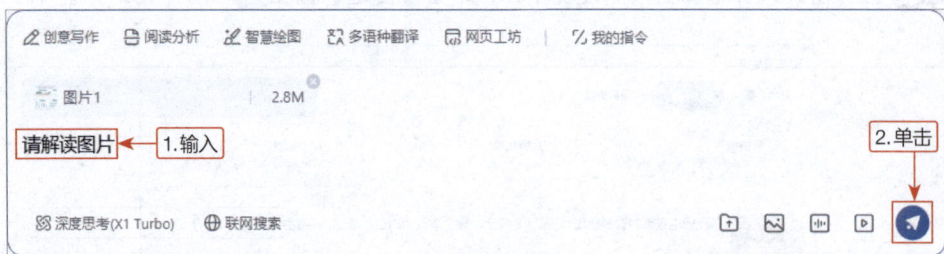

文心一言即可对图片进行解读，如下图所示。

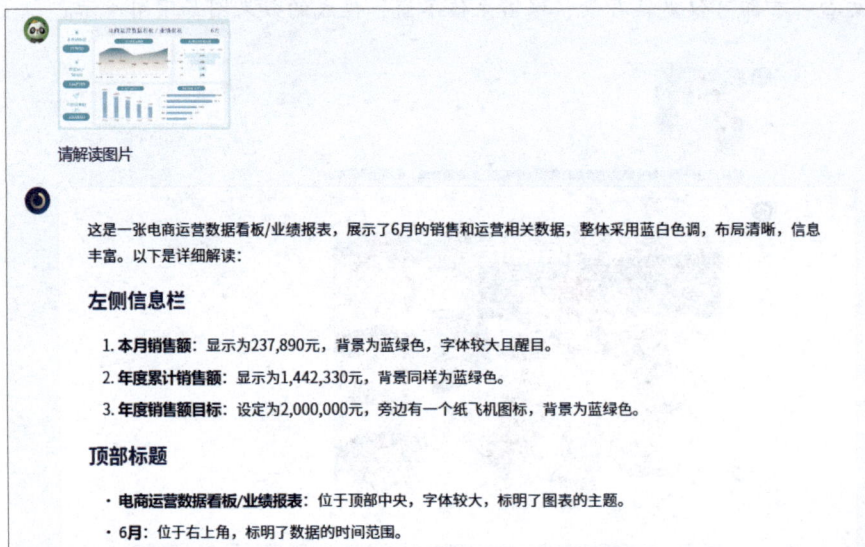

请解读图片

这是一张电商运营数据看板/业绩报表，展示了6月的销售和运营相关数据，整体采用蓝白色调，布局清晰，信息丰富。以下是详细解读：

左侧信息栏

1. **本月销售额**：显示为237,890元，背景为蓝绿色，字体较大且醒目。

2. **年度累计销售额**：显示为1,442,330元，背景同样为蓝绿色。

3. **年度销售额目标**：设定为2,000,000元，旁边有一个纸飞机图标，背景为蓝绿色。

顶部标题

· **电商运营数据看板/业绩报表**：位于顶部中央，字体较大，标明了图表的主题。

· **6月**：位于右上角，标明了数据的时间范围。

5.2.2　实战：基于图片生成文字

文心一言可以根据图片内容创作出期望输出的内容，如吸引人的故事或评论，丰富用户的创作形式。

将图片拖曳至输入框中，并输入要进行创作的提示词，然后单击【发送】按钮 ✈，如下图所示。

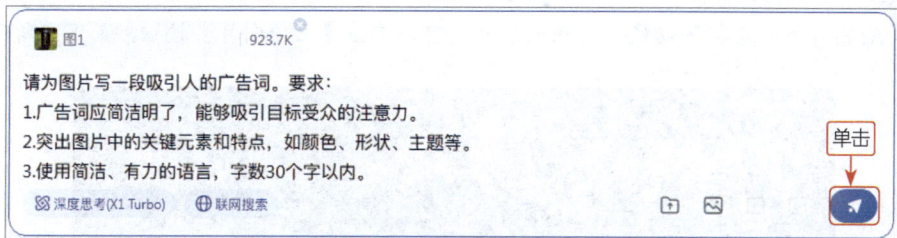

文心一言即可根据图片和提示词进行创作，如下图所示。

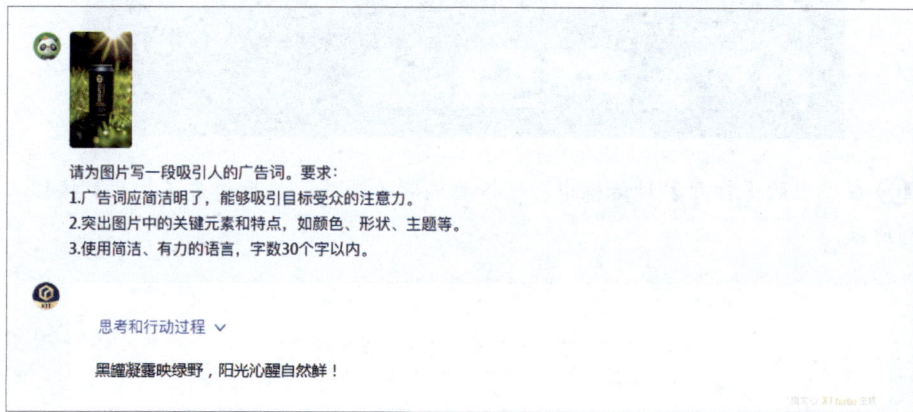

除了进行写作，文心一言还可以根据实际情况和需求，对图片进行知识问答、数据分析、代码撰写等。

5.3　百度AI图片助手

百度AI图片助手是百度搜索推出的一项创新功能，它基于文心大模型的AI创作能力开发而成，旨在帮助用户更高效、更便捷地创作图文内容，并提升图文生成能力。

5.3.1 实战：调清图片

本小节具体介绍如何利用百度AI图片助手，快速提升图片的清晰度，让每一个细节都变得清晰可见，增强图片的表现力。

步骤 01 使用浏览器打开"百度AI图片助手"网页，在右侧【选择编辑方式】区域显示了百度AI图片助手支持的功能，使用此功能之前，单击【上传图片】按钮，如下图所示。

步骤 02 在弹出的【打开】对话框中，选择要编辑的图片，然后单击【打开】按钮，如下图所示。

步骤 03 图片上传完毕后，选择【变清晰】编辑方式，如下页图所示。

步骤 04 图片即会被调整清晰。用户可以通过单击图像下方的原图进行对比，或者单击【重置】按钮重置操作记录，也可以单击【下载】按钮，下载该图片，如右图所示。

5.3.2 实战：AI去水印

本小节讲述如何利用百度AI图片助手的AI去水印功能，轻松移除图片上的水印，恢复图片的纯净美感，同时保持图片质量不受损失。

上传图片后，选择【AI去水印】编辑方式，涂抹要去除的水印，接着单击【立即生成】按钮，如右图所示。

百度AI图片助手即可智能清除指定的水印，效果如下图所示。

5.3.3 实战：智能抠图

本小节介绍如何使用百度AI图片助手的智能抠图功能，快速准确地分离对象与背景，为后续的设计工作提供便利。

上传图片后，选择【智能抠图】编辑方式，如下图所示。

百度AI图片助手即可智能将背景抠除，效果如下页图所示。如果对抠除效果不满

意，可以智能选取或手动涂抹要抠除的内容，进行重新生成。

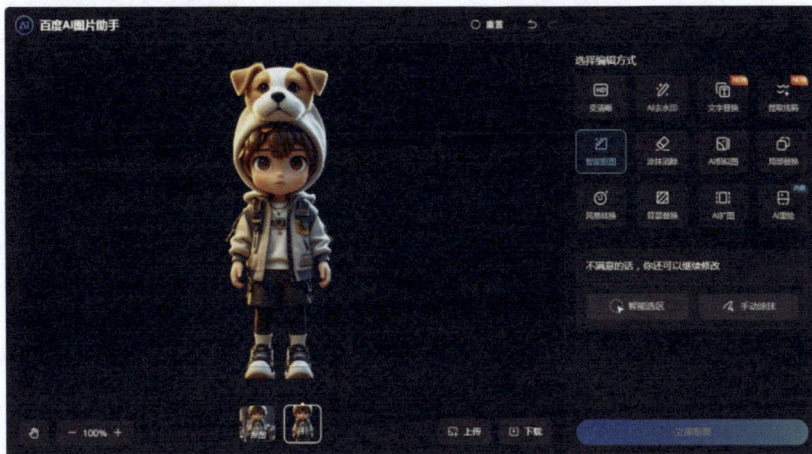

5.3.4 实战：替换背景

本小节讲述如何利用百度AI图片助手轻松更换图片背景，让图片更加贴合主题，增强视觉冲击力。

上传图片后，选择【背景替换】编辑方式，百度AI图片助手会自动识别背景。用户确定识别的背景无误后，在输入框中输入需要替换的内容，单击【立即生成】按钮，如下图所示。

百度AI图片助手即可自动替换背景，如下图所示。

第 6 章

智能助手：文小言手机专属AI助手

文小言作为手机端的"新搜索"智能助手，不仅可以支持语音搜索、图片搜索及模糊提问等多种输入方式，还可以灵活应用于各种场景，如拍照解题、图片创作、AI修图等，让用户轻松获取丰富的多模态搜索结果。此外，文小言还赋予用户高质量的文章与视频创作能力，并与超拟真数字人实现亲密交流，让新搜索不仅仅是一种工具，更是一种人性化的陪伴与服务，真正实现从"工具性"到"人性"的跨越式进化。本章将深入探讨文小言的这些特色功能，带你领略智能助手的无限魅力。

6.1 文小言的设置

本节讲述如何在文小言中进行基本的设置操作，包括对话设置和个性化设置等，帮助用户根据自己的需求定制AI助手，提升使用体验。

6.1.1 实战：对话设置

本小节通过实战演练，指导用户如何设置文小言的对话模式，包括对话模型、语音设置、语音播报等，以实现更顺畅、自然的交互体验。

步骤 01 初次使用时，用户需要在手机应用商店下载并安装文小言。安装成功后，点击手机桌面上的文小言图标，进入其主界面。点击左上角的 按钮，如下图所示。

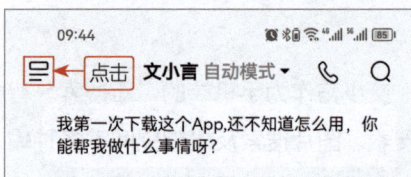

步骤 02 打开设置界面，在【对话设置】区域中，点击【语音设置】选项，如下图所示。

步骤 03 在弹出的【语音设置】面板中，可以设置声音和语速。默认声音为"温柔亲切"，

点击【选择声音】下方的 > 按钮，如下左图所示。

步骤04 弹出【选择声音】列表，点击其中的声音名称可试听声音效果，如右图所示。

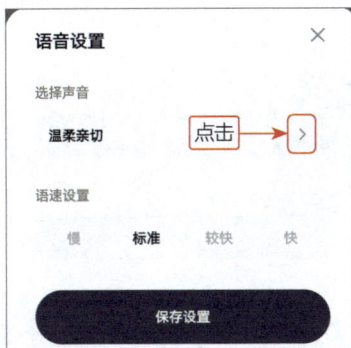

步骤05 选择后保存声音设置，返回【对话设置】面板，可以根据需求开启【语音播放】功能，开启后可以语音播放内容，如下左图所示。

步骤06 【常用技能】选项主要用于调整输入框上方技能的顺序，如右图中的【深度思考】【图个冷知识】【解题老师】【视频生成】【写作帮手】等。按住右图中的 ≡ 按钮，可以拖曳使其上下移动，调整到适合的位置。

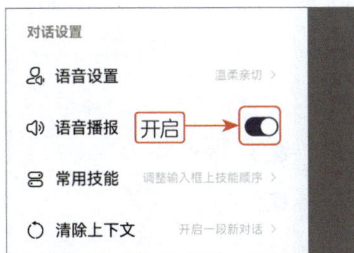

步骤07 如果点击【清除上下文】选项，则可开启新的对话，类似于建立新对话，如下页图所示。

6.1.2 实战：个性化和通用设置

本小节通过实战操作，展示如何根据用户喜好和习惯，对文小言进行个性化定制，如记忆簿、主题、皮肤、快捷键等，打造专属智能助手。

1. 个性化设置

【个性化设置】区域中，包含3项设置，分别为【个性化回复】【提醒】【记忆簿】，如下图所示。

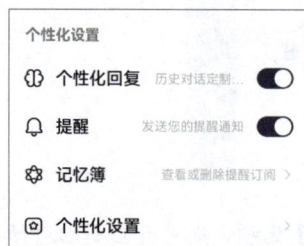

（1）个性化回复：个性化回复功能能够自动保存用户的搜索历史与偏好设置，让用

户在下次使用时能够无缝衔接，享受更加连贯、一致的交互体验。个性化回复功能使文小言能够更好地理解用户的上下文需求，提供更加精准、个性化的服务，因此建议时刻开启该功能。

（2）提醒：提醒功能主要用于提醒重要事务及待办事项。

（3）记忆簿：记忆簿功能用于帮助用户记录想记录的内容。当与文小言对话的过程中下发"记住""请记住""请记得""提醒我"等要求助手记住当前输入内容的命令时，即会开启记忆簿功能，文小言会记住相关内容并将其记录在记忆簿内，在后续对话中通过对记忆簿中的内容进行检索，并基于此生成对用户的回复、定制与用户的聊天、发送提醒通知，如下图所示。用户可以对记忆簿中的内容进行查看、添加或删除等操作。

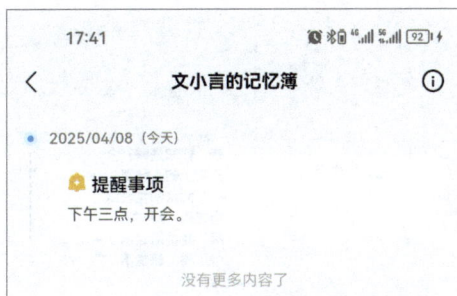

2. 通用设置

【通用设置】区域中，用户可以设置【深色模式】【字号大小】等，通过选择或开启进行设置即可，如下图所示。

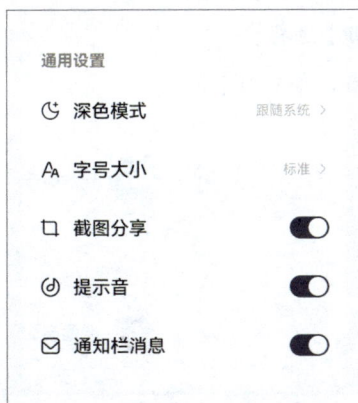

6.1.3 实战：个性AI声音创建

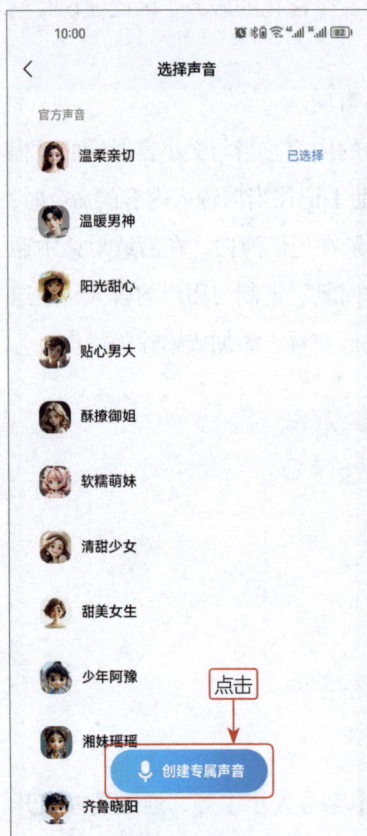

在文小言中，用户可以根据提示录制自己的声音，定制一个属于自己的专属声音。

步骤**01** 打开【选择声音】列表，点击【创建专属声音】按钮，如左图所示。

步骤**02** 进入【请朗读】页面，点击【点击录制】按钮，如下左图所示。

步骤**03** 用自然的语气读完页面中的文本，然后点击【停止录制】按钮，如下右图所示。

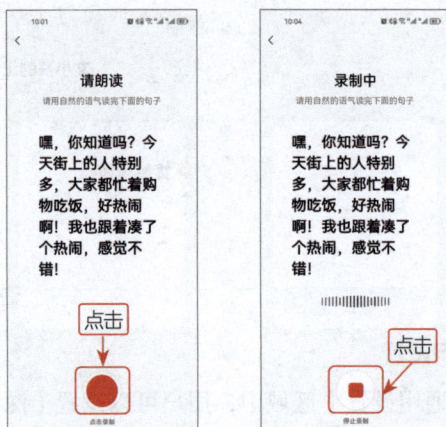

步骤**04** 录制完成后，文小言会检测声音，通过检测后，即会返回【选择声音】列表，并显示生成的声音，如右图所示。

6.1.4　实战：对话模式的选择

在文小言中提供了3种对话模式，分别为自动模式、文心大模型和DeepSeek-R1满血版，点击顶部的下拉按钮，即可打开模式的选择列表，如下图所示。

其中，自动模式（推荐）能自动识别输入内容并调用最适配的模型；文心大模型包含文心4.5 Turbo和文心X1 Turbo两种模型，可以根据需求进行切换；DeepSeek-R1满血版专注深度思考与复杂问题解析，适合逻辑推理等高阶任务。

6.2　文小言的特色通话方式

与文心一言相比，文小言具备多种特色通话方式，为用户提供丰富多样的交互选择。

6.2.1　实战：语音输入通话

在文小言中，用户可以轻松实现如微信语音聊天般的便捷交流，自由发送消息，与文小言进行互动。

步骤 01 点击输入框中的声音输入按钮，如下图所示。

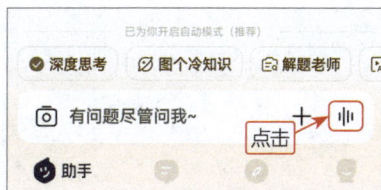

步骤 02 按住输入框中的【按住说话】按钮，如下图所示。

步骤 03 对准手机话筒，说出自己想要输入的内容，松开即可发送消息，如右图所示。

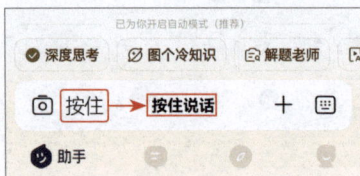

你好

松开手发送语音，向上滑取消

6.2.2 实战：实时语音通话

文小言的实时语音功能可以让用户直接打电话给数字人"依依"，或者使用文小言中的陪聊智能体，实现同数字人通话的效果，进行实时语音交流。这些陪聊的智能体有英语陪聊、给儿童讲故事、虚拟朋友等。

步骤 01 首先在输入框中点击＋按钮，在打开的选项中点击【语音通话】按钮，如右图所示。

步骤 02 拨通后，即可进入语音通话页面，如下左图所示。

步骤 03 此时可随时说话，屏幕会实时识别并显示用户说话的内容，如下右图所示。

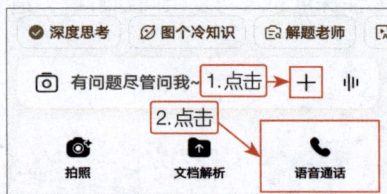

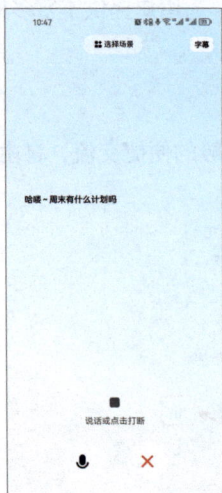

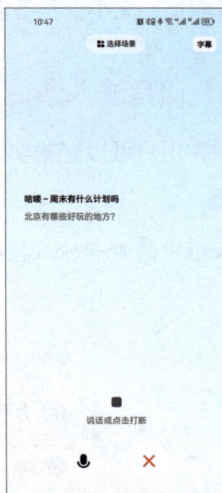

步骤 **04** 当说话完毕后，文小言会进行回复，如下左图所示。

步骤 **05** 点击上方的【选择场景】选项，下方会打开【场景切换】面板，有两种不同的场景可供选择，分别是【知识问答】【百变大咖】，如下右图所示。

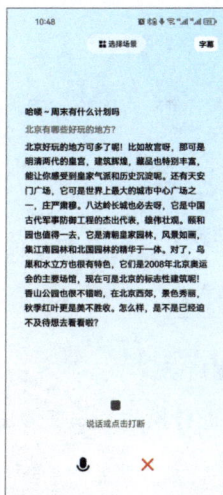

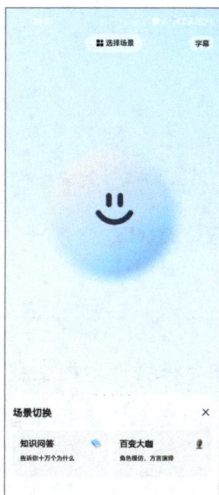

另外，用户可以点击上方的 字幕 按钮，设置显示或隐藏文字内容。点击 🎤 按钮，可以切换到静音模式。如果需要停止生成，则点击 ■ 按钮。如果点击 ✕ 按钮，则终止通话。

6.3　文小言的特色功能应用

文小言不仅具备基本的AI助手功能，还提供了多种创新的特色功能。本节详细介绍文小言的特色功能，帮助用户充分发掘文小言的潜力。

6.3.1　实战：个性化文本的创作

文小言具备强大的文本创作能力，助力用户在手机中轻松撰写高质量文章。

步骤 **01** 在输入框上方的快捷选项中，点击【写作帮手】选项，如下页左图所示。

步骤 **02** 在弹出的【写作帮手】面板中，设置文章的类型、体裁和要求，然后在输入框中输入文章的主题，点击⬆按钮，发送提示词，如下右图所示。

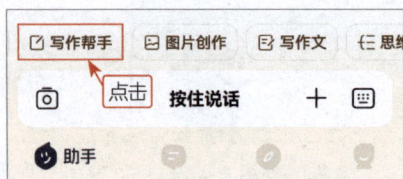

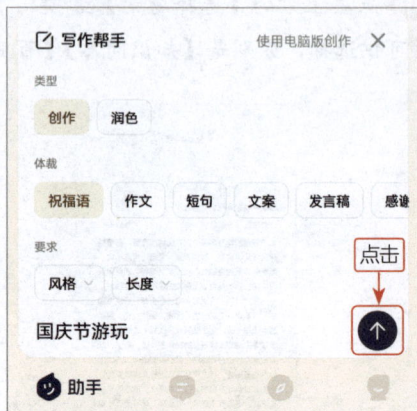

步骤03 文小言即会根据提示词生成相关内容，如下左图所示。

步骤04 长按生成的文本，会弹出操作命令，可对文本进行操作，如下右图所示。

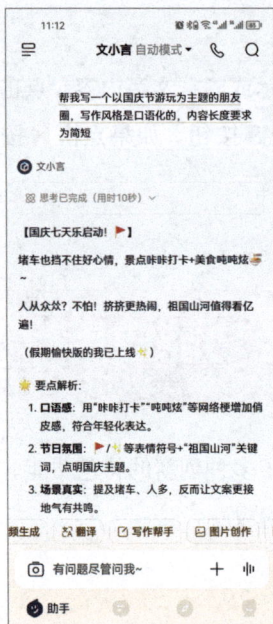

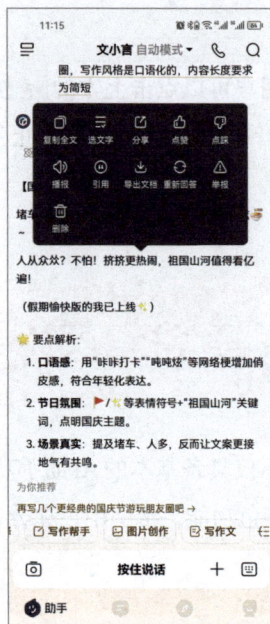

6.3.2 实战：拍照问答的使用

拍照问答功能可以让用户拍摄照片或者从相册中选择一张照片，并进行提问，文小言可以找到相关答案或信息。例如，拍了一张咖啡照片，想知道这是什么品牌，或者了解照片背景里文字的意思，甚至为该照片生成一个朋友圈文案。另外，文小言还支持拍照搜题，根据拍摄题目照片快速搜索并获取相关解答。

步骤 01 点击输入框中的 回 按钮，如下图所示。

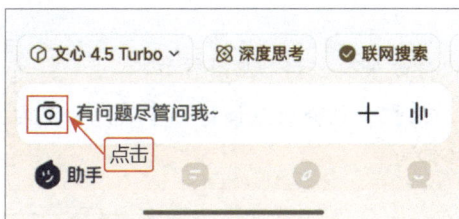

步骤 02 进入拍摄页面后，将镜头对准被拍摄对象，此时可直接点击【拍摄】按钮 ◯ 进行拍照，也可点击【相册】按钮 ◉，从手机相册中选择所需照片，如下左图所示。

步骤 03 选择要问答的照片后，可以发送提示词，文小言会快速响应提示词并给出回复，如下中图所示。

另外，在拍摄页面，点击【解题老师】按钮，对准题目拍摄后，文小言会自动搜索该题答案，如下右图所示。

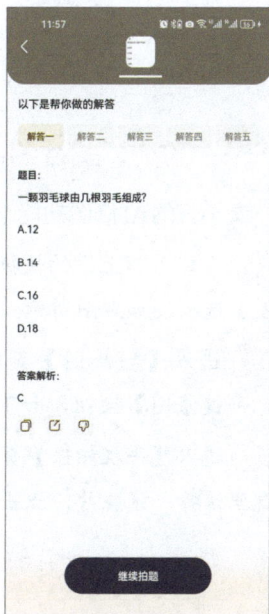

6.3.3　实战：备忘与提醒的设置

文小言拥有强大的长期记忆能力，可以帮助用户记录和管理重要的日程、任务或待办事项，并通过提醒功能确保用户不会错过重要信息。具体来说，用户可以告诉文小言需要记住的信息，比如会议时间、生日提醒、待办事项等，文小言会像贴心助手一样，在设定的时间提醒用户。

步骤 01 通过语音直接说出待办事项，如下左图所示。

步骤 02 文小言即会回复，记忆簿也会记录该待办事项，如下右图所示。如果要取消该事项，前往记忆簿中删除即可。

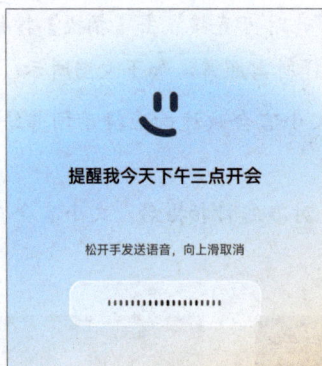

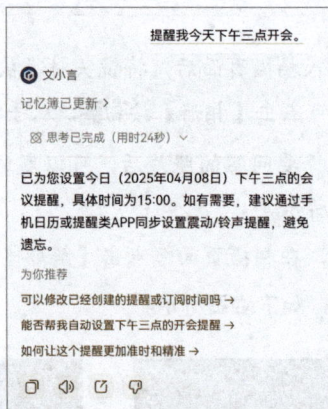

6.3.4　实战：图片的智能编辑

文小言的AI修图功能十分强大，它利用AI技术，能帮助用户轻松实现图片的美化。

步骤 01 在输入框上方的快捷选项中，点击【AI修图】选项，如右图所示。

步骤 02 进入【AI修图】页面，点击【上传照片，一键修图】按钮，如下页左图所示。

步骤 03 进入【手机相册】页面，可以选择手机相册中的照片，也可以通过拍照上传照片，如这里选择一张照片，点击【完成(1)】按钮，如下页右图所示。

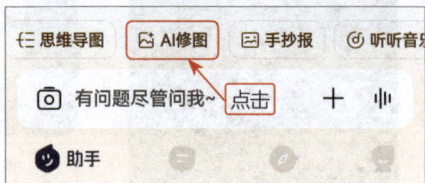

步骤 04 进入图片编辑页面，主要功能包含涂抹消除、局部替换、背景替换、变清晰、提取线稿和添加文字等。如这里点击【涂抹消除】按钮，弹出画笔，可拖曳调整画笔大小，并在照片上涂抹要消除的部分，然后点击确认按钮✔️，如右侧左图所示。

步骤 05 文小言即会消除图片中涂抹的部分，并通过AI填充消除的图像内容，效果如右侧右图所示。点击下方的缩略图，可以和原图进行对比。点击【保存】按钮，文小言即会将照片保存到手机中。

6.3.5　实战：图片的快捷生成

相比文心一言的图片生成，文小言的操作更加快捷，只需使用预设的模板，简单设置即可生成一张图片。

步骤 01 在输入框上方的快捷选项中，点击【图片创作】选项，如下左图所示。

步骤 02 弹出【图片创作】面板，可以选择画风、场景及光效等，然后在输入框中输入提示词，点击↑按钮，如下右图所示。

文小言即可根据提示词，生成两张图片，如下左图所示。

步骤 03 如果要修改背景，可以发送提示词，如"改为河边"，文小言即会根据新提示词，重新生成两张图片，如下右图所示。

步骤 **04** 依照此方法，可通过不断调整和优化，确定最终的图片效果，如下左图所示。

步骤 **05** 点击某张图片即可放大查看，也可以通过下方的按钮进行其他操作，如图片问答、AI修图、视频生成及保存等，如下右图所示。

6.3.6 实战：视频的生成

文小言支持视频生成功能，用户可以上传图片并输入描述即可一键生成创意视频。

步骤 **01** 在输入框上方的快捷选项中，点击【视频生成】选项，如下图所示。

步骤 **02** 进入【视频生成】页面，点击【图片上传】区域，如右图所示。

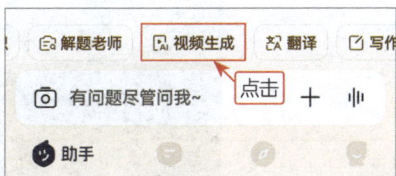

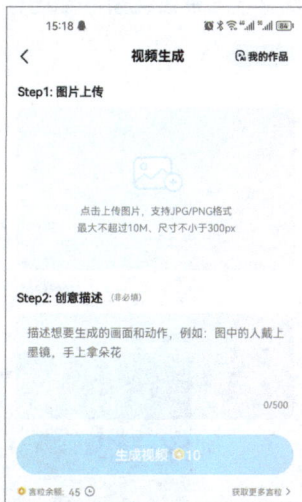

步骤 **03** 进入【手机相册】页面，选择手机相册中的一张照片，点击【完成(1)】按钮，

如下左图所示。

步骤04 在【创意描述】输入框中，可以根据需求输入具体内容，也可以选择不输入任何内容。例如，这里输入"让图中的小狗跑起来"，然后点击【生成视频】按钮，如下右图所示。

步骤05 文小言即开始生成视频，完成后可进入【我的作品】页面点击查看，效果如下左图所示。

步骤06 点击该视频即可进行播放，也可以重新编辑或再次生成视频，如下右图所示。

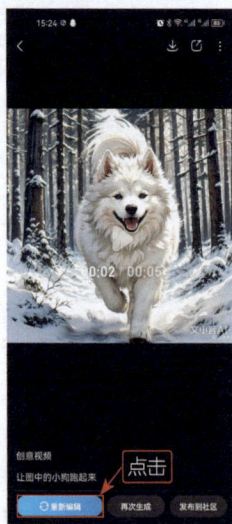

6.3.7 实战：制作一张手抄报

文小言的手抄报是一项非常实用且富有创意的学习辅助功能。通过简单地输入和选择，用户即可生成符合主题要求的手抄报底板，进一步丰富和个性化内容后，即可打印或展示。

步骤01 在输入框上方的快捷选项中，点击【手抄报】选项，如下左图所示。

步骤02 在弹出的【手抄报】面板中，选择手抄报的类型，如点击【画手抄报】选项，再输入画的主题，如"寒假日记"，点击🖊按钮发送提示词，如下右图所示。

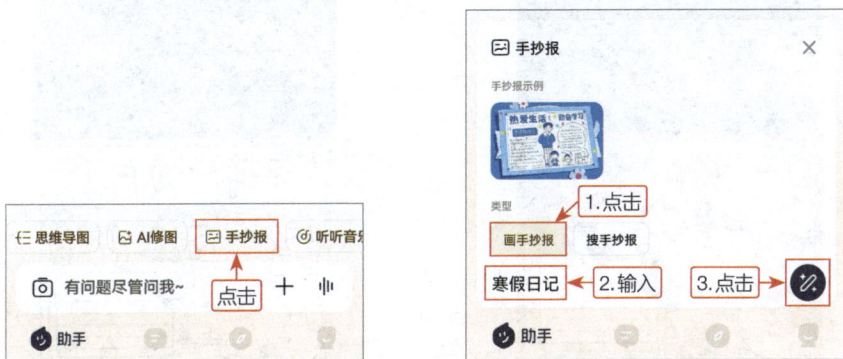

文小言即可根据提示词，生成4张图片，如下左图所示。

步骤03 如果需要添加描述，可在输入框中继续输入提示词，如"新春，运动"，点击【立即创作】按钮，文小言即可根据新提示词，重新生成4张图片，如下右图所示。

步骤**04** 依照此方法，可通过不断调整和优化，确定最终的图片效果，点击某张图片，即可放大查看，也可以通过下方的按钮进行其他操作，如提取线稿、变清晰、去水印、保存等，如下左图所示。

步骤**05** 如点击【提取线稿】按钮，文小言即可生成一幅只有黑白线条的图片，如下右图所示。

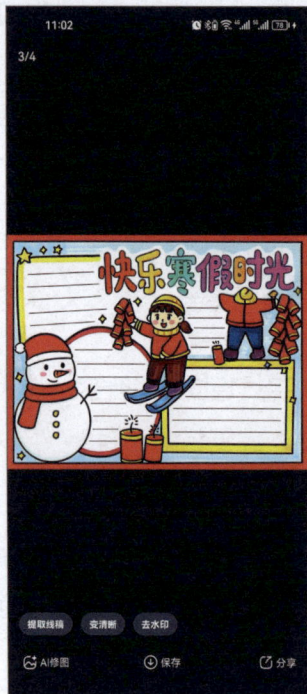

6.3.8 实战：智能体的使用

文小言中包含了丰富的智能体，涉及畅聊、写作、英语及求职等多种场景。用户还可以根据需要创建属于自己的智能体。

步骤**01** 单击底部的【发现】按钮，在打开的页面中点击【智能体】选项卡，即可看到不同的分类及各分类下的智能体列表，如下页左图所示。

步骤**02** 如果要使用某个智能体，点击该智能体即可，如下页右图所示。

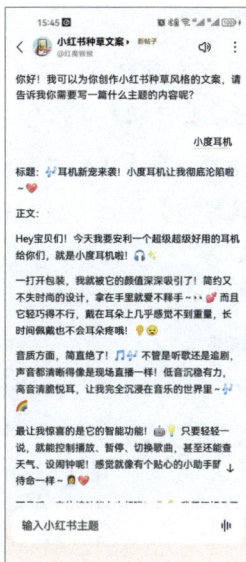

另外，用户还可以根据需求创建一个智能体，具体操作步骤如下。

步骤01 点击底部的【我的】按钮，进入相应页面后，点击【智能体】选项卡，然后点击下方的【创作】按钮，如下左图所示。

步骤02 选择【创建智能体】选项，如下右图所示。

步骤03 开始"一句话创建智能体"，首先输入智能体的身份设定，点击【AI生成配置】

按钮，如下左图所示。

步骤 **04** 文小言即可自动配置，配置完成后进入【创建智能体】页面。用户可以设置头像、名称、声音、公开状态等信息，还可以根据需求进行调整，如下中图所示。

步骤 **05** 配置完成后，点击【发布】按钮，即会弹出【确认可用范围】面板，确定公开状态后点击【确认发布】按钮，如下右图所示。

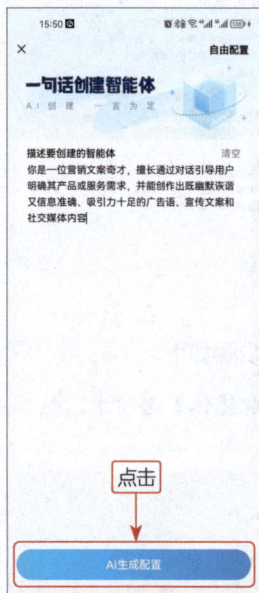

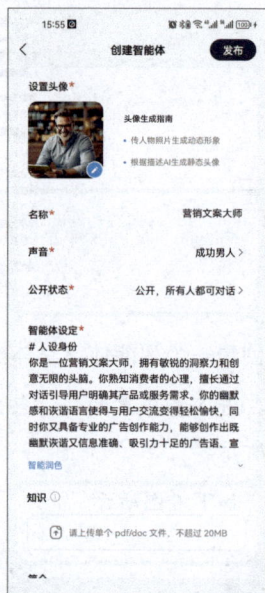

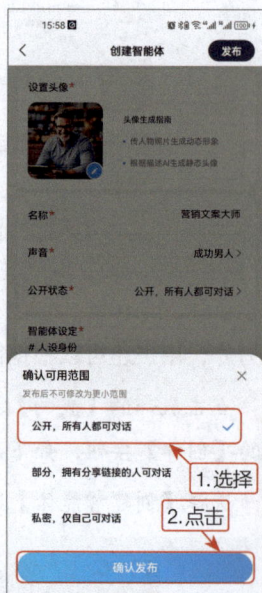

提示： 对于初学者，建议使用AI生成配置的方法创建智能体，只需设定智能体身份即可。【自由配置】需设置全部信息，但这种方法更容易创建出符合自己需求的智能体。

步骤 **06** 至此完成智能体的创建，用户可与智能体进行互动，如右图所示。

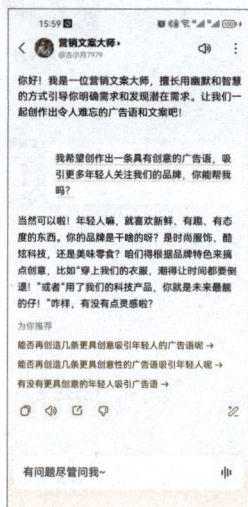